Perugu Edukondalu

Síntese de (-) - pirenoforol, avaliação anticancerígena de heterociclos

Perugu Edukondalu

Síntese de (-) - pirenoforol, avaliação anticancerígena de heterociclos

derivados de benzimidazol, benztiazol e sulfonamida

ScienciaScripts

Imprint

Any brand names and product names mentioned in this book are subject to trademark, brand or patent protection and are trademarks or registered trademarks of their respective holders. The use of brand names, product names, common names, trade names, product descriptions etc. even without a particular marking in this work is in no way to be construed to mean that such names may be regarded as unrestricted in respect of trademark and brand protection legislation and could thus be used by anyone.

Cover image: www.ingimage.com

This book is a translation from the original published under ISBN 978-620-6-84602-4.

Publisher:
Sciencia Scripts
is a trademark of
Dodo Books Indian Ocean Ltd. and OmniScriptum S.R.L publishing group

120 High Road, East Finchley, London, N2 9ED, United Kingdom
Str. Armeneasca 28/1, office 1, Chisinau MD-2012, Republic of Moldova, Europe
Printed at: see last page
ISBN: 978-620-7-63612-9

Conteúdo

RECONHECIMENTO

Na prossecução deste empreendimento académico, sinto que fui especialmente afortunado, pois a inspiração, a orientação, a direção, a cooperação, o amor e o carinho surgiram em abundância no meu caminho e parece-me quase impossível reconhecer o mesmo em termos adequados.

Expresso os meus sinceros agradecimentos ao meu supervisor, Dr. R. Ramesh Raju, Professor Assistente e Coordenador, Departamento de Química, Acharya Nagarjuna University, Nagarjuna Nagar - 522 510, Andhra Pradesh, Índia, pela sua estimada supervisão, apoio incessante, inspiração e crítica construtiva ao longo do meu trabalho de investigação. Agradeço também ao NCL, Pune, por ter autorizado a realização dos espectros de RMN e ESIMS.

K. Gangadhara Rao, Diretor da Faculdade de Ciências da Universidade, ao Dr. B. Hari Babu (BOS, Presidente), ao Dr. M. Subbarao, ao Dr. D. Ramachandran e à Dra. Anitha C. Kumar do Departamento de Química da Universidade Acharya Nagarjuna por terem proporcionado todas as facilidades necessárias durante o meu trabalho de investigação.

Reconheço humildemente a minha imensa gratidão ao Dr. R. Sreenivasulu, Professor Assistente (c), Departamento de Química, Faculdade de Engenharia da Universidade (Autónoma), Universidade Tecnológica Jawaharlal Nehru, Kakinada, pelo seu grande interesse e pronta ajuda ao longo do meu trabalho de investigação. Gostaria de expressar os meus sinceros agradecimentos aos colegas Dr. R. Durgesh, Dra. D. Verónica e Dra. Y. Jyothsna.

Agradeço emocionada e eternamente aos meus pais, Smt. P. Swathi e a outros membros da família pelo interesse e encorajamento que demonstraram ao longo da minha vida.

P. Edukondalu

1.1. Introdução aos macrólidos

Os macrólidos que contêm 14 ou 16 átomos estão estreitamente relacionados com os compostos isolados naturalmente e são caracterizados por anéis de lactona macrocíclicos.

Com base na estrutura do anel, os macrólidos são classificados em quatro tipos diferentes (Figura 1.1). São eles: 1. Macrólidos com anel de 13 membros, 2. Macrólidos com anel de 14 membros, 3. Macrólidos com anel de 15 membros e 4. Macrólidos de anel com 16 membros. Entre eles, a maioria dos antibióticos são macrólidos com 14 e 16 anéis.

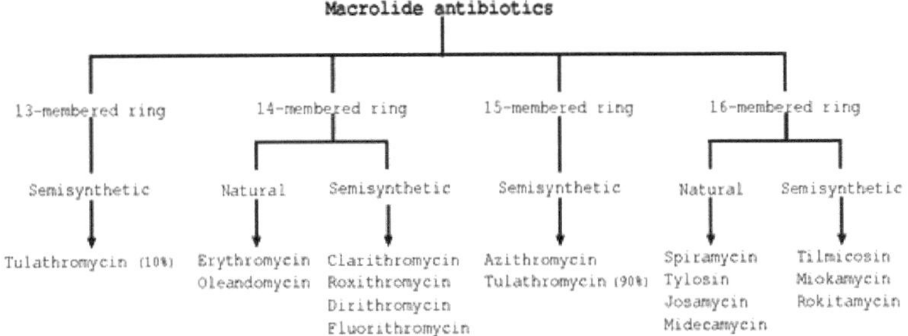

Figura 1.1: Classificação dos macrólidos em diferentes categorias.

1.2. Macrólidos de anel com 13 membros: A maioria dos macrólidos de anel com 13 membros são semi-sintéticos. Ex: Tulatromicina.

Tulatromicina: A tulatromicina (**1**) é um macrólido semissintético com 13 anéis de membros. É utilizada para o tratamento de doenças respiratórias bovinas em bovinos e também para o tratamento de doenças respiratórias suínas em suínos (Figura 1.2).[1,2]

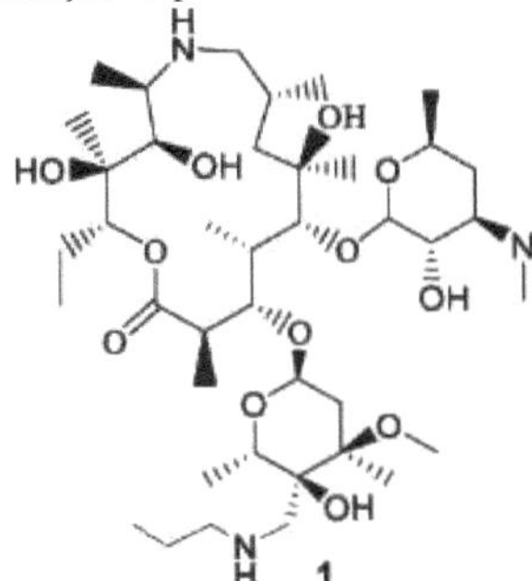

Figura 1.2: Estrutura da tulatromicina (**1**)

1.3. Macrólidos de anel com 14 membros: Os macrólidos de anel com 14 membros são naturais e semi-sintéticos. A eritromicina e a oleandomicina são exemplos de isómeros naturais. Por outro lado, a claritromicina, a roxitromicina, a diritromicina e a fluoritromicina são isómeros sintéticos. A eritromicina, isolada do Streptomyces erythreus em 1952, possui duas moléculas de açúcar ligadas a um anel de lactona de 14 átomos. Tem dois derivados semi-sintéticos, ou seja, a claritromicina e a azitromicina. A eritromicina (**2**) é utilizada no tratamento de infecções do trato respiratório, infecções por calmídias, sífilis, infecções cutâneas e doença inflamatória pélvica (Figura 1.3).[3]

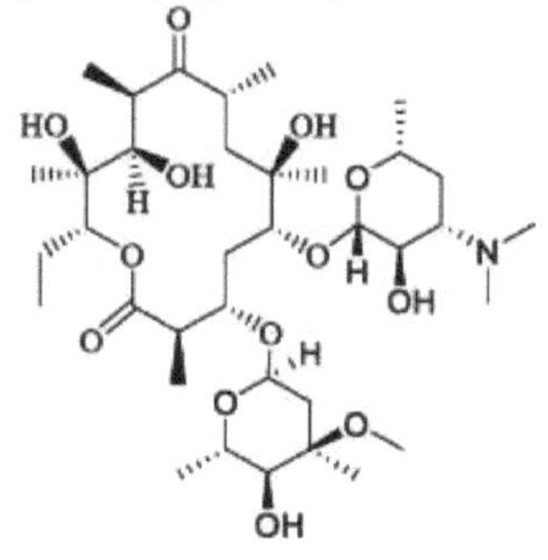

Figura 1.3: Estrutura da eritromicina (**2**)

O antibiótico macrólido oleandomicina (**3**) é isolado de estirpes de *Streptomyces antibioticus*. Pode ser utilizado para inibir as infecções relacionadas com bactérias no trato respiratório superior com um valor de CIM de 0,3 a 3 ugnil (Figura 1.4).[4]

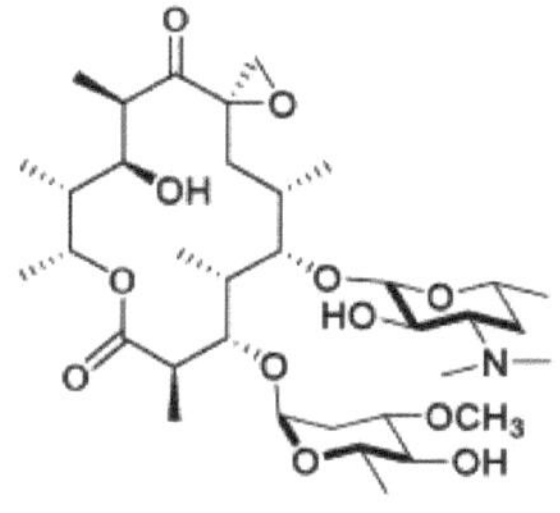

Figura 1.4: Estrutura da oleandomicina (**3**)

A claritromicina (**4**) é utilizada para o tratamento de várias infecções bacterianas, incluindo faringite estreptocócica, infecções cutâneas, doença de Lyme, pneumonia e infeção por *H. Pylori* (Figura 1.5).[5]

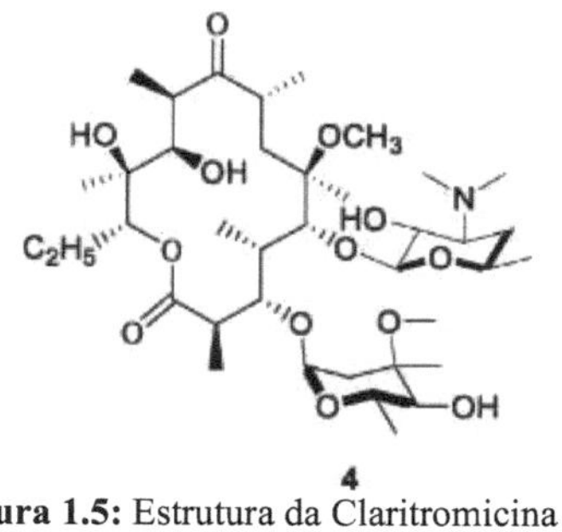

Figura 1.5: Estrutura da Claritromicina (**4**)

O macrólido semi-sintético, Roxitromicina (**5**), é derivado da eritromicina e é utilizado no tratamento de infecções do trato respiratório, dos tecidos moles e urinárias. Atualmente, estão a decorrer ensaios clínicos para o tratamento da queda de cabelo de padrão masculino (Figura 1.6).[6]

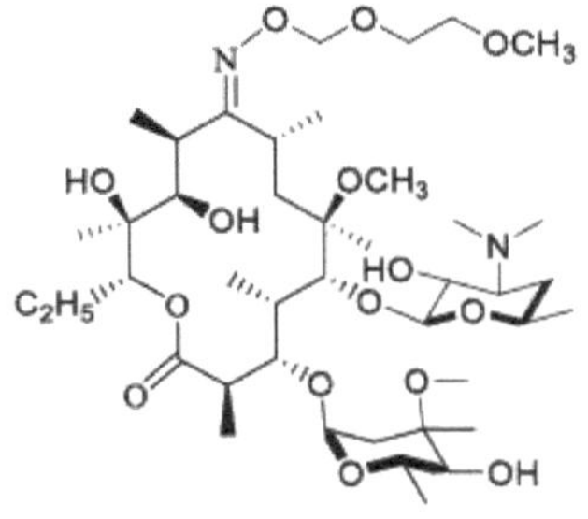

Figura 1.6: Estrutura da Roxitromicina (**5**)

A diritromicina (**6**) é um pró-fármaco lipossolúvel derivado da 9S-eritromicicl amina e este macrólido actua como antibiótico glicopeptídico (Figura 1.7).[7]

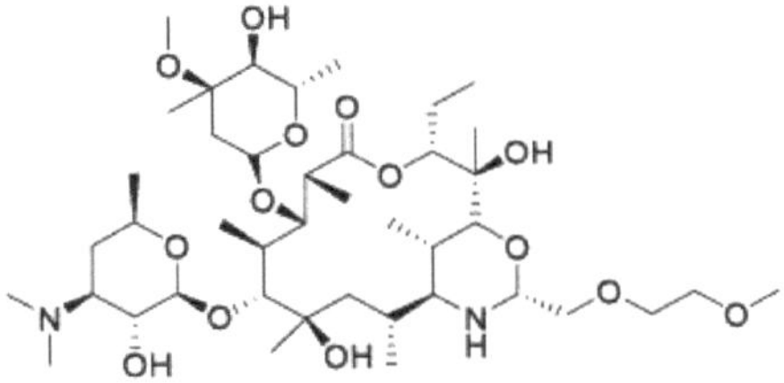

Figura 1.7: Estrutura da Diritromicina (**6**)

O macrólido Azitromicina (**7**) foi utilizado para medicação antibiótica e para o tratamento de várias infecções bacterianas, incluindo infecções do ouvido médio, pneumonia, infecções intestinais, faringite estreptocócica e diarreia dos viajantes (Figura 1.8).[8]

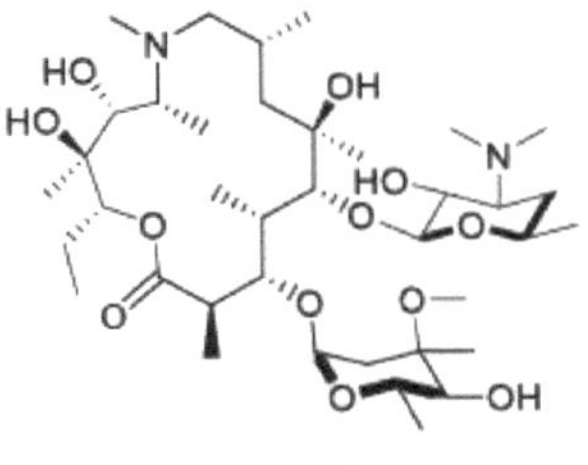

Figura 1.8: Estrutura da azitromicina (**7**)

1.4. Macrólidos com 15 átomos de carbono: A azitromicina e a tulatromicina a 90% são os derivados semi-sintéticos dos macrólidos com 15 anéis.

1.5. Macrólidos com 16 anéis de membros: Os macrólidos com 16 membros são naturais e semi-sintéticos. A espiramicina, a tilosina, a josamicina e a midecamicina são exemplos de macrólidos naturais com 16 átomos de carbono. A tilmicosina, a miokamicina e a rokitamicina são exemplos de macrólidos semi-sintéticos com 16 membros em anel.

Em 1954, o macrólido com 16 anéis de membros, a espiramicina (**8**), foi isolado como produto de "*Streptomyces ambofaciens*" por PINNERT-SINDICO (Figura 1.9).[9,10] Este macrólido pode atuar como antiparasitário e antibiótico. Também é utilizado para o tratamento da toxoplasmose e de várias infecções dos tecidos moles.

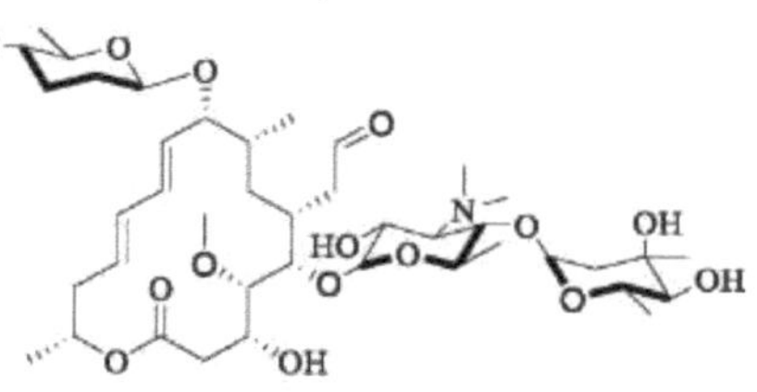

8

Figura 1.9: Estrutura da espiramicina (**8**)

A tilosina (**9**) foi encontrada naturalmente como um produto de fermentação de "*Streptomyces fradiae*" (Figura 1.10).[11] Este macrólido actua como antibiótico e aditivo bacteriostático para alimentos para animais, que são utilizados em medicina veterinária. Apresenta uma atividade bacteriana potente contra organismos Gram-positivos e também uma gama limitada de atividade contra organismos Gram-negativos.[12]

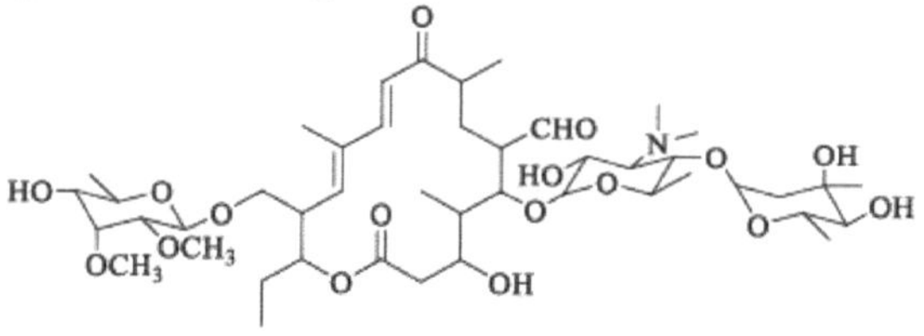

9

Figura 1.10: Estrutura da tilosina (**9**)

A Josamicina (**10**) é um antibiótico macrólido que foi isolado das estirpes de *Streptomyces narbonensis* var. *josamyceticus* var. *nova* em 1964 (Figura 1.11).[13] Tem um efeito adverso de edema dos pés.[14]

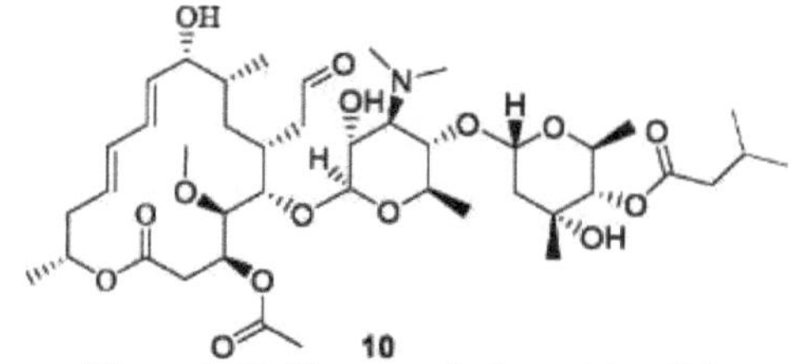

10

Figura 1.11: Estrutura da Josamicina (**10**)

A midecamicina (**11**) é um antibiótico macrólido[15] e foi sintetizada a partir de *Streptomyces mycarofaciens* (**Figura 1.12**).[16]

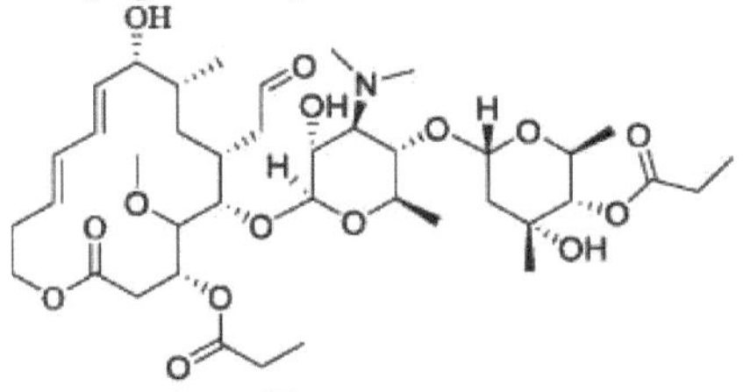

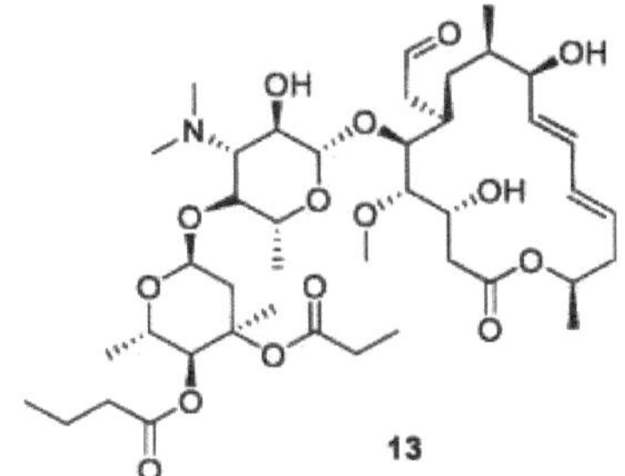

11

Figura 1.12: Estrutura da midecamicina

A tilmicosina (**12**) é um antibiótico macrólido utilizado no tratamento da pneumonia enzoótica e da doença respiratória bovina causada por *Mannheimia (Pasteurella) haemolytica* em ovinos (**Figura 1.13**).[17] Nos seres humanos, provoca efeitos cardiotóxicos a mais de 1 mm de injeção, ou seja, pode ser frequentemente observada em frentistas e pessoal veterinário.[18]

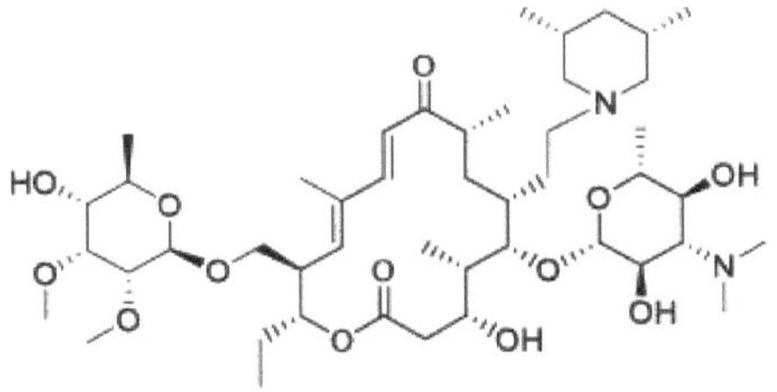

12

Figura 1.13: Estrutura da tilmicosina

A rocitamicina (**13**) é um antibiótico macrólido sintetizado a partir de estirpes de *Streptomyces kitasatoensis* (**Figura 1.14**).[19] Não apresenta qualquer efeito nas concentrações séricas de teofilina no estado estacionário num painel de 12 adultos com doença pulmonar obstrutiva crónica.

13

Figura 1.14: Estrutura da rocitamicina (**13**)

A miokamicina (**14**) é um antibiótico macrólido com dezasseis membros.[20] Apresenta uma atividade de inibição do crescimento de cocos Gram-positivos e anaeróbios. Mas poucas bactérias entéricas; Haemophilus spp são altamente resistentes com um valor MIC de 0,8 mg/l

(**Figura 1.15**).

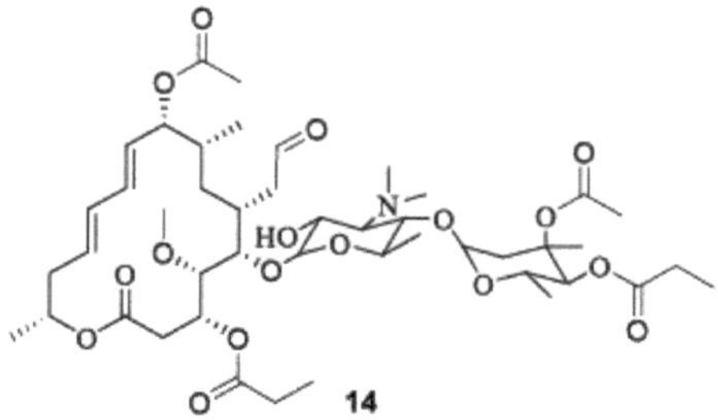

Figura 1.15: Estrutura da Miokamicina (**14**) Diferentes rotas sintéticas para a síntese estereosselectiva do (-)-Pirenofórmio:

G. Alluraiah et al. abordagem:[21]

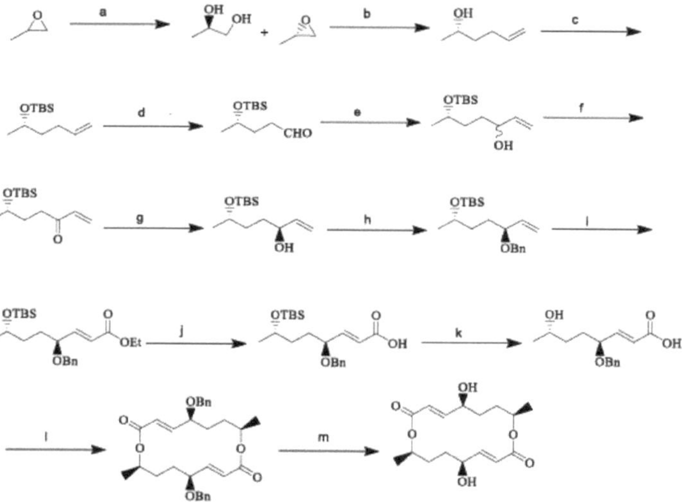

Reagentes e condições: (a) (s, s)-catalisador, AcOH, H_2O, 15 °C, 14h (b) Mg, cloreto de alilo, éter dietílico, -78 °C, 2h (c) TBSC1, Imidazol, CH_2Cl_2, rt, 4h (d) O_3, CH_2Cl_2, -78°C, 30 min. (e) CH_2 =CHMgBr, THF, -40°C, 4h (f) $(COC1)_2$, DMSO, CH_2Cl_2, -78°C (g) Catalisador (S)-CBS, BH_3 .THF, THF, 25°C, 30 min. (h) BnBr, NaH, THF, 0°C a rt, 8h. (i) i) O_3, CH_2Cl_2, dimetilsulfureto, -78°C, 15 min. ii) Ph P=CHCO$_{32}$ Et, benzeno, refluxo, 2h. (j) LiOH, THF:MeOH:H_2O (3:1:1), rt, 4h. (k) TBAF, THF, 0°C a rt, 3h. (1) Ph$_3$ P, DEAD, Tolueno:THP (10:1), -25°C, 10h. (m) DDQ, CH_2Cl_2 :H_2O (19:1), rt, 3h.

8

Reagentes e condições: a) TBSCl, imidazol, CH$_2$Cl$_2$, rt, 4 h; b) i) DIBAL-H, CH$_2$Cl$_2$, -78 °C, 1 h; ii) fosfonato de dimetilo (2-oxopropilo), azida de tosilo, K$_2$CO$_3$, acetonitrilo : metanol (2:1), 0 °C- rt, 8 h; c) n-BuLi, THF seco, -78 °C, 7, 3 h; d) i) DessMartin periodinano, CH$_2$Cl$_2$, 0 °C-rt, 4 h; ii) Zn(BH4)$_2$, éter, -30 °C, 3 h; e) MOMCl, DIPEA, DMAP, CH$_2$Cl$_2$, rt, 6 h; (!) 10% Pd/C, H$_2$, MeOH, 12 h; g) ácido acético aq. 60%, rt, 12 h; h) i) NaIO$_4$, sat. NaHCO$_3$ soln, CH$_2$Cl$_2$, rt, 5 h; ii) Ph$_3$P=CHCOOMe, benzeno, refluxo, 2 h. (i) LiOH, THF:MeOH:H$_2$O (3:1:1), rt, 4 h; (j) TBAF, THF, 0 °C a rt, 3 h; (k) Ph$_3$P, DEAD, tolueno:THF (10:1) -25 °C, 10 h; (1) HCl a 10% aq., THF, 0 °C a rt, 5 h.

Reagentes e condições: (a) NaH, TBAI, BnBr, DMF, 0°C-rt, 6h, 82%; (b) 12, imidazol, TPP, THF, 0°C - rt, Ih, 98%; (c) t-BuOK, THF, 0°C - rt, 3h, 90%; (d) MCPBA, CH$_2$Cl$_2$, 2h, rt, 84%; (e) (R, R)-Salen-Co-(OAc) (0.45 mol%), H$_2$O, rt, 12h, 45%; (f) LAH, THF, 0°C - rt, 30 min, 95% (g) TBDMSCl, imidazol, CH$_2$Cl$_2$, 0°C-rt, Ih, 96% (h) 10% Pd/C, H$_2$, EtOAc, rt, lOh, 92%; (i) (COCl)$_2$, DMSO, Et$_3$N, CH$_2$Cl$_2$, -78°C, Ih, 80%; (j) nitrosobenzeno (1.0 equiv), D-prolina (0.4 equiv), DMSO, 20°C, 25 min, depois trietilfosfonoacetato, DBU, LiCl, 0°C, 15 min, depois MeOH, NH$_4$Cl, Cu(OAc)$_2$, 24h, 55% (uma panela); (k) 2,3-dihidropirano, CSA, CH$_2$Cl$_2$, rt, 1 h, 86%; (1) 20% aq NaOH, MeOH, rt, 30 min, 85%; (m) Bu$_4$NF, THF, 80°C, 2 h, 90%; (n) Ph$_3$P, DEAD, tolueno- THF (10:1), -25°C, 10 h; 58%; (o) TsOH-H$_2$O, MeOH, rt, 30 min, 98%.

Abordagem de Musulla et al:[24]

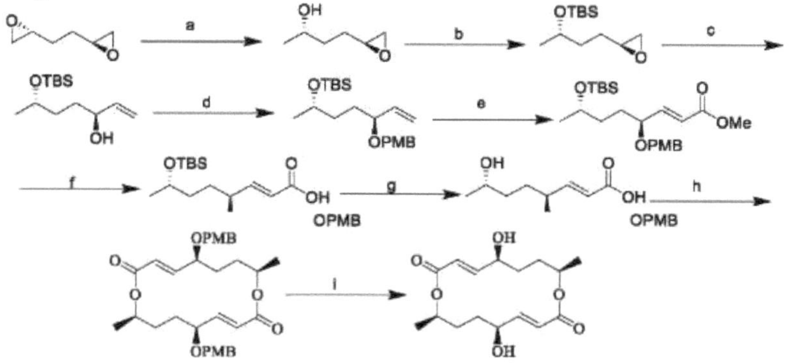

Reagentes e condições: (a) DIBAL-H, $CH_2 Cl_2$, 0 °C a rt, 2 h; (b) TBSC1, Imidazol, $CH_2 Cl_2$, rt, 4 h; (c) n-BuLi, Me_3 SI, THF, 0 °C, 6 h; (d) PMBBr, NaH, THF, 0 °C a rt, 8 h; (e) i) O_3, $CH_2 Cl_2$, -78 °C, 30 min; ii) Ph_3 P=CHCOOMe, Benzeno, refluxo, 2 h; (f) LiOH, THF:MeOH:H_2 O (3:1:1), rt, 4 h; g) TBAF, THF, 0 °C a rt, 3 h; h) Ph_3 P, DEAD, tolueno: THF (10:1) -25 °C, 10 h; i) DDQ, $CH_2 Cl_2$: H_2 O (19:1), rt, 3 h.

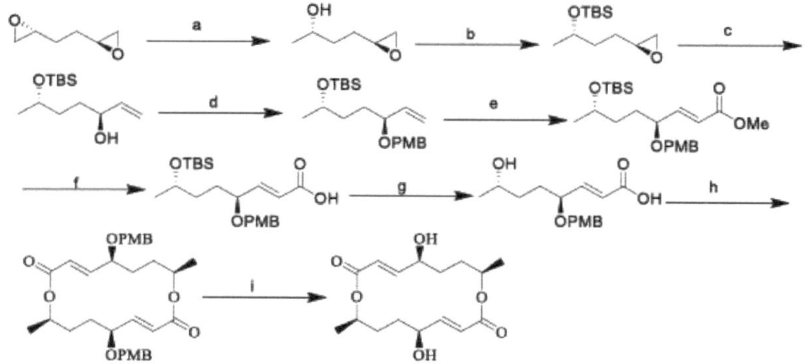

Reagentes e condições: (a) NaOMe, MeOH, 0°C; (b) Éter etil vinílico, PPTS, $CH_2 Cl_2$; (c) LiOH, THF:H_2 O (1:1); (d) C H_{65} SO_2 CH_2 CH_2 OH, DCC, DMAP, $CH_2 Cl_2$; (e) $MgBr_2$, Éter dietílico; (f) DCC, DMAP, $CH_2 Cl_2$; (g) $MgBr_2$, Éter dietílico; (h) DBU, benzeno; i) cloreto de 2,6-dicloro benzoílo, Et_3 N, DMAP, tolueno, calor; j) n- BU_4 NF, THF.

10

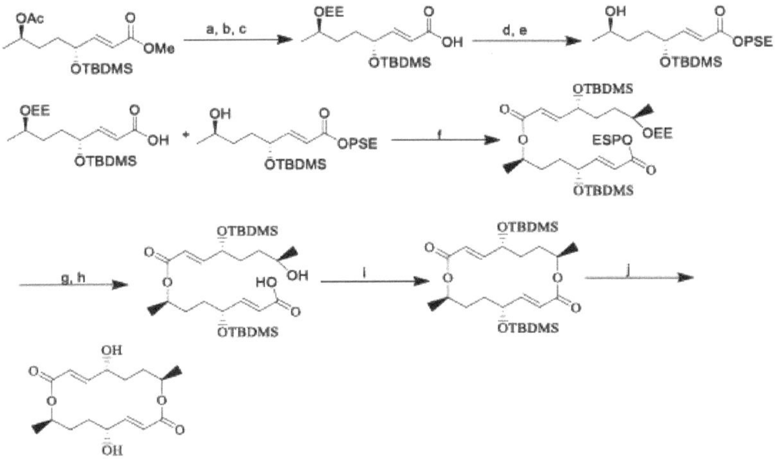

Reagentes e condições: (a) i) vitreto (1 mole equiv), THF, O°C-rt; ii) t-BuPh$_2$ SiCl, DMAP, CH$_2$ C12, rt; (b) CH$_2$ =CHCH~MgCl, Cui. THP, -15 "C; (c) MsCI, Et$_3$ N, CH$_2$ C1$_2$, OoC, depois Ru0$_4$, CCl -MeCN-H$_{42}$ O, rt. (d) KHCO$_3$, MeOH-H$_2$ 0, rt, 10 min. (e) 1 M LiN(SiMe)$_{32}$ em THF, THF-HMPA, -78 °C, depois PhSSPh, THF, -78°C, (f) 20% aq. NaOH, MeOH, rt, depois CH N$_{22}$, Et$_2$ O, 0°C; (g) mCPBA, -20 °C; (h) Py (2 equiv), tolueno, refluxo; (i) i) 2,3-dihidropirano, CSA, CH$_2$ C1$_2$; ii) 20% aqNaOH, MeOH, rt; iii) Bu$_4$ NF, THF, refluxo; j) Ph$_3$ P, DEAD, tolueno- THP (10: 1). -25 "C, 10 h; k) TsOH-H$_2$ O, MeOH, rt.

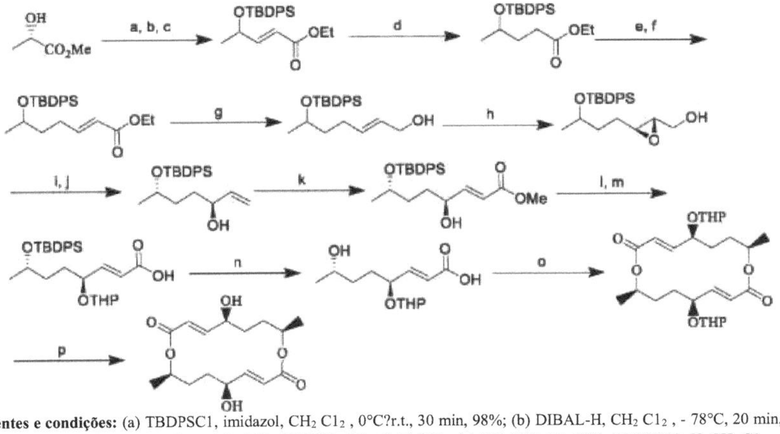

Reagentes e condições: (a) TBDPSC1, imidazol, CH$_2$ C1$_2$, 0°C?r.t., 30 min, 98%; (b) DIBAL-H, CH$_2$ C1$_2$, - 78°C, 20 min, 80%; (c) Ph$_3$ PCHCOOEt, benzeno, refluxo, 1 h, 92%; (d) NiCl -6H$_{22}$ O, NaBH$_4$, MeOH, 0°C, 1 h, 90%; (e) DIBAL-H, CH$_2$ C1$_2$, -78°C, 15 min, 82%; (f) Ph$_3$ PCHCOOEt, benzeno, refluxo, 1 h, 94%; (g) DIBAL-H, CH$_2$ C1$_2$, -78?0°C, 1 h, 92%; h) L-(+)-DIPT, Ti(Oi-Pr)$_4$, TBHP, CH$_2$ C1$_2$, -20 °C, 7 h, 78%; i) 12, imidazol, Ph$_3$ P, THF-MeCN (4:1), 0 °C?r.t, 30 min, 92%; j) Zn, MeOH, refluxo, 12 h, 82%; k) acrilato de metilo, catalisador, CH$_2$ C1$_2$, refluxo, 24 h, 78%; 1) 3,4-dihidropirano, CSA, CH$_2$ C1$_2$, r.t, 1 h, 88%; (m) 20% aq NaOH, MeOH, r.t., 30 min, 85%; (n) TBAF, THF, 60°C, 2h, 90%; (o) Ph$_3$ P, DEAD, tolueno-THF (10:1), -25 °C, 24 h, 60%; (p) PTSA, MeOH, r.t., 30 min, 96%.

1.7. Dados sobre o cancro:

O cancro é uma doença muito perigosa, com crescimento anormal e rápida propagação de linhas celulares normais. É uma notícia horrível que 13% das mortes em todo o mundo se devem apenas à doença do cancro. O relatório da Agência Internacional de Investigação sobre o Cancro revela que 14,1 milhões de novos casos de cancro foram registados em 2012. Destes 14,1 milhões de casos, 8 milhões foram registados em países economicamente em desenvolvimento, que ocupavam 82% da população mundial. Mas os cancros da pele não melanoma não foram incluídos nestes registos de cancro, de acordo com as orientações da IARC. Em 2012, o número de mortes por cancro atingiu os 8,2 milhões, ou seja, 22 000 doentes morreram por dia. Destas mortes por cancro, 2,9 milhões de mortes ocorreram em países desenvolvidos e 5,3 milhões em países em desenvolvimento. Estima-se que, em 2030, os registos de cancro aumentem para 21,7 milhões e as mortes por cancro atinjam os 13 milhões, devido ao envelhecimento e ao aumento da população mundial.

Nos países de rendimento médio, o tabagismo, a inatividade física, a má alimentação e o menor número de gravidezes conduzem a um aumento dos riscos de cancro. Nestes países, os principais cancros diagnosticados são os do estômago, do pulmão e do fígado nos homens e os do colo do útero, do pulmão e da mama nas mulheres. Nos países de elevado rendimento, os cancros colorrectal, do pulmão e da próstata são detectados nos homens, enquanto os cancros colorrectal do pulmão e da mama são detectados nas mulheres.[28]

Em 2015, os novos casos de cancro registados nos EUA ascenderam a 1 658 370 e as mortes por cancro a 589 430.[29] O número de registos de cancro aumentará de nove milhões e setenta e nove mil (9 79 786) para onze milhões e quarenta e oito mil (1 148 757) entre 2010 e 2020 na Índia.[30] Não foi desenvolvido qualquer tratamento potencial para negar a totalidade das linhas celulares cancerígenas, apesar de algumas novas tecnologias na interpretação da ação da patogénese do cancro. Apesar da disponibilidade imediata de medicamentos avançados e de diferentes terapias contra o cancro orientadas para alvos específicos, não é possível controlar a rápida propagação da doença oncológica, prevendo-se a ocorrência de 19,3 milhões de novos casos de cancro até 2025 em todo o mundo.[28] As diferentes abordagens terapêuticas do cancro incluem a quimioterapia, a imunoterapia, a terapia hormonal, a radioterapia, a terapia com anticorpos monoclonais, a terapia orientada, a cirurgia e a inibição da angiogénese.

Na quimioterapia, moléculas-alvo potentes actuam como agentes quimioterapêuticos e envolvem a restrição do início, progressão, promoção e metástase de diferentes linhas celulares cancerígenas, juntamente com a morte de linhas celulares cancerígenas normais. A utilização da maioria dos fármacos anticancerígenos não só mata as linhas celulares humanas normais como também inibe a genotoxicidade, a resistência e os potenciais tóxicos. Para ultrapassar estas complicações, há uma grande necessidade de desenvolver novos agentes anticancerígenos mais potentes e mais seguros para a quimioterapia do cancro sem afetar as linhas celulares normais.[31]

1.8. Derivados benzimidazólicos - actividades anticancerígenas:

O benzimidazol é um composto bicíclico heterocíclico fundido que contém dois anéis aromáticos fundidos de benzeno e imidazol. Os fármacos anti-helmínticos, como o albendazol e o triclabendazol, os inibidores da bomba de protões, como o pantoprazol, o omeprazol e o tenatoprazol, e outros fármacos como a galeterona, o dovitinib e o mavatrep também constituem as fracções benzimidazol. Esta estrutura é utilizada para a conceção e síntese de candidatos anticancerígenos mais potentes contra diferentes linhas de células cancerígenas, conforme descrito abaixo na literatura.

Li et al. relataram a síntese de uma nova biblioteca de benzimidazol-pirazinas e examinaram as suas actividades citotóxicas contra as linhas celulares A549, LN229, MDA-MB-453, SW620 e DU145, utilizando o protocolo de redução MTT com Paclitaxel como controlo positivo. Entre eles, o composto "2-(4-clorofenil)-1-(4-metil-1-fenilbenzo[4,5] imidazo[1,2-a]pirazina-2(1H)-il)etan-1-ona" **15 (Figura 1.16)** mostrou uma inibição promissora do crescimento celular contra as linhas celulares MDA-MB-453 e DU145 com uma taxa de inibição de 67% e 62%, respetivamente.[32]

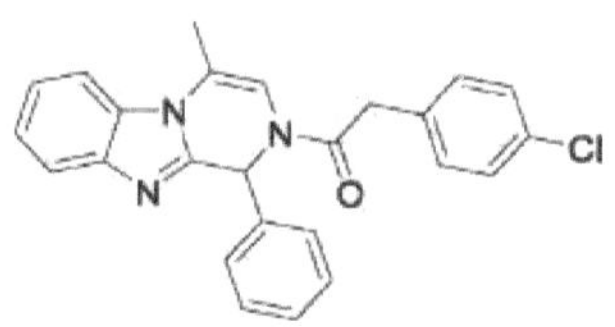

Figura 1.16: Estrutura da "2-(4-clorofenil)-1-(4-metil-1-fenilbenzo[4,5]imidazo [1,2-a]pirazina-2(1H)-il)etan-1-ona"

Mochona et al. relataram a síntese de uma nova série de bishetarilazóis de pirrolo ligados à azometina contendo derivados de benzimidazol e avaliaram as suas actividades citotóxicas *in vitro* contra as linhas celulares MDA-MB-231, BT-474 e Ishikawa utilizando o protocolo SRB com Pacletaxel como controlo positivo. Entre eles, o composto "(E)-N-(4- ((2-cloro-1H-benzo[d]imidazol-1-il)metil)fenil)-1-(1H-pirrol-3-il)metanimina" **16 (Figura 1.17)** mostrou boas actividades contra as linhas celulares MDA-MB-231, BT-474 e Ishikawa com valores IC50 de 23,26 pM, 7,7 pM e 9,07 pM respetivamente.[33]

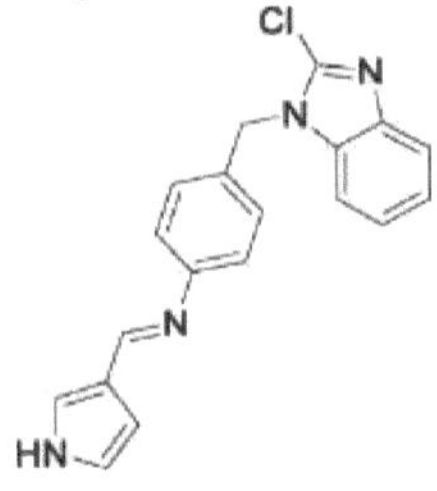

Figura 1.17: Estrutura da "(E)-N-(4-((2-cloro-1H-benzo[d]imidazol-1-il)metil)fenil)-1-(1H-pirrol-3-il)metanimina" **16**

Capan et al. relataram a síntese de uma nova série de derivados de benzimidazol com esqueletos de norborneno/dibenzobarreleno e avaliaram os seus perfis citotóxicos contra as linhas celulares MDA-MB-231, OVCAR3, PANC1 e A549 utilizando o ensaio de redução MTT com PC e NC como fármacos padrão. Entre eles, o composto "2-[1-(2-cloro benzoil)-*1H-benzimidazol-2-il*]-3a,4,7,*7a-tetrahidro-1H-4,7*-metanoisoindole-1,3(*2H*)- diona" **17 (Figura 1.18)** mostrou perfis citotóxicos potentes contra MDA-MB-231, OVCAR3, e A549 com valores IC50 de 27 pM, 26 pM, e 10 pM respetivamente.[34]

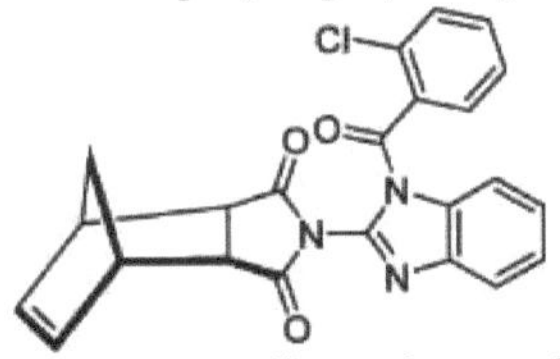

Figura 1.18: Estrutura do "2-[1-(2-clorobenzoil)-*1H-benzimidazol-2-il*]-3a,4,7,7a-*tetra-hidro-1H-4,7*-metanoisoindole-1,3(*2H*)-diona"

Cevik et al. relataram a síntese de uma nova série de derivados de benzimidazol com uma porção de hidrazina e avaliaram os seus perfis citotóxicos para as linhas celulares A549, MCF-7 e NIH3T3 utilizando o ensaio de redução MTT com cisplatina como controlo positivo. O composto "(E)-4-(5-cloro-1H-benzo[d]imidazol-2-il)-N'-((5-metiltiofen-2-il) metileno)benzohidrazida" **18 (Figura 1.19)** mostrou actividades anticancerígenas potentes contra as linhas celulares A549, MCF-7 e NIH3T3 com valores IC50 de >1 pM, 0,0316 pM e 0,1 pM respetivamente.[35]

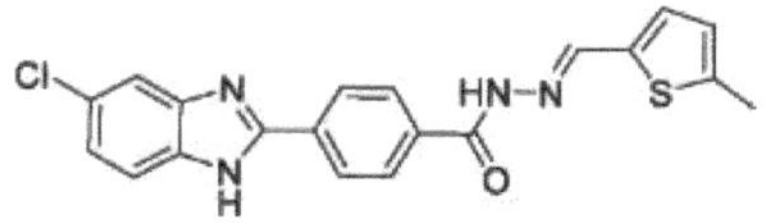

Figura 1.19: Estrutura do "(E)-4-(5-cloro-1H-benzo[d]imidazol-2-il)-N'-((5-metiltio fen-2-il)metileno)benzohidrazida"

Wang et al. comunicaram a síntese de uma nova série de derivados benzimidazólicos da crisina e avaliaram os seus estudos antiproliferativos em relação às linhas celulares MGC-803, MCF-7, HepG-2 e MFC, utilizando o protocolo de redução MTT com crisina como controlo positivo. O composto "5-hidroxi-7-(4-(2-metil-1H-benzo[d]imidazol-1-il)butoxi)-2-fenil-4H-cromen-4-ona" **19 (Figura 1.20)** mostrou actividades anticancerígenas potentes contra as linhas celulares MGC-803, MCF-7, HepG-2 e MFC com valores IC50 de 36,66 ± 4,76 pM, 73,21 ± 2,41 pM, 53,25 ± 3,26 pM e 25,72 ± 3,95 pM, respetivamente.[36]

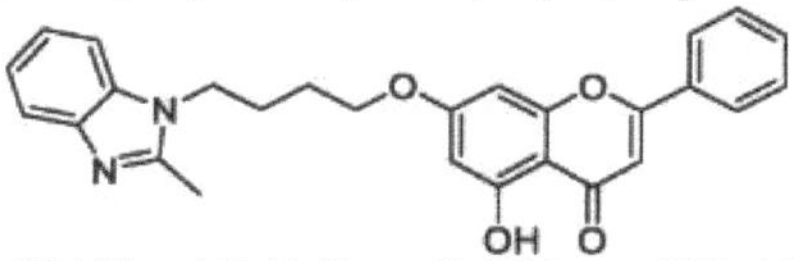

Figura 1.20: Estrutura do "5-hidroxi-7-(4-(2-metil-1H-benzo[d]imidazol-1-il)butoxi)-2-phenyl-4H-chromen-4-one"

1.9. Derivados de benzotiazóis - actividades anticancerígenas:

O benzotiazol é um anel bicíclico aromático fundido de benzeno aromático e de motivos tiazólicos. Estes derivados são utilizados como corante para a deteção de arsénio. Esta estrutura é utilizada para a conceção e síntese de candidatos anticancerígenos mais potentes contra diferentes linhas de células cancerígenas, conforme descrito abaixo na literatura.

Kamal et al. relataram a síntese de uma nova série de conjugados [1,2,4]triazolo[1,5-b][1,2,4]benzotiadiazina-benzotiazol e avaliaram a sua atividade antiproliferativa em relação a 60 linhas de células cancerígenas utilizando o ensaio SRB. Entre eles, o composto "2-((((6-etoxibenzo[d]tiazol-2-il)tio)metil)-10-metil-10H-benzo[e][1,2,4]triazolo [1,5-b][1,2,4]tiadiazina5,5-dióxido" **20 (Figura 1.21)** mostrou actividades inibitórias potentes contra a maioria das linhas celulares.[37]

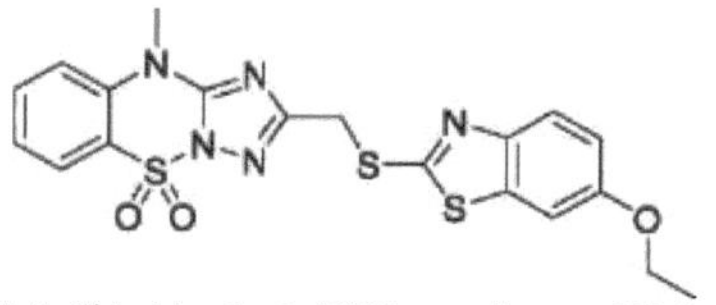

Figura 1.21: Estrutura do "5,5-dióxido de 2-((((6-etoxibenzo[d]tiazol-2-il)tio)metil)-10-metil- 10H-benzo[e][1,2,4]triazolo[1,5-b][1,2,4]tiadiazina"

Ma et al. relataram a síntese de uma nova série de derivados de benzotiazol com a porção orto-hidroxi-N-acil-hidrazona e avaliaram a sua atividade anticancerígena contra as linhas celulares NCI-H226, SK-N-SH, HT29, MKN-45 e MDA-MB-231 utilizando o protocolo

14

MTT com PAC-1 como controlo positivo. Entre eles, o composto "(E)- N-(6-((dimetilamino)metil)benzo[d]tiazol-2-il)-2-(2-hidroxi-4-((4-(trifluorometil) benzil)oxi)benzilideno)hidrazina-1-carboxamida" **21 (Figura 1.22)** exibiu actividades anticancerígenas potentes contra H-226, SK-N-SH, MDA-MB-231, HT-29 e MKN-45 com valores IC50 de 0,24±0,02 pM, 0,60±0,02 pM, 0,63±0,03 pM, 0,92±0,08 pM e 0,29±0,01 pM.[38]

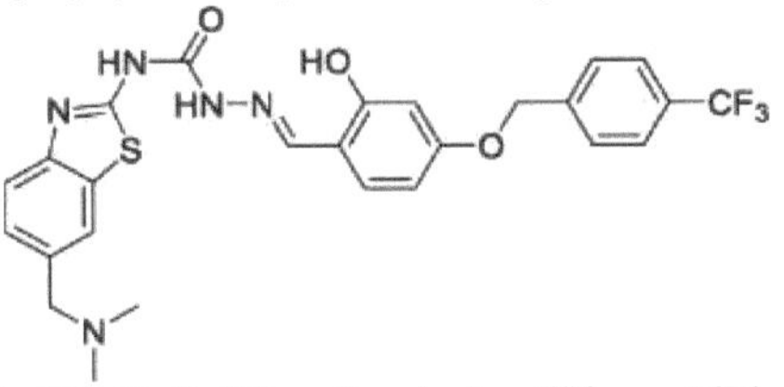

Figura 1.22: Estrutura da "(E)-N-(6-((dimetilamino)metil)benzo[d]tiazol-2-il)-2-(2- hidroxi-4-((4-(trifluoro metil) benzil)oxi)benzilideno)hidrazina-1-carboxamida"

Mohamed et al. relataram a síntese de uma nova série de certos derivados de benzotiazol e examinaram os seus perfis citotóxicos para a linha celular de cancro da mama humano MCF-7 utilizando o protocolo SRB com cisplatina como controlo positivo. O composto "(Z)-2-(benzo[d]tiazol-2-il)-2-(5-oxo-4-((E)-(5-oxo-1-fenil-4,5-di-hidro-1H-pirazol- 3-il)diazenil)-3-feniltiazolidina-2-ilideno)acetonitrilo" **22 (Figura 1.23)** apresentou uma atividade anticancerígena potente contra a linha celular MCF-7 com um valor IC50 de 5,15 pM.[39]

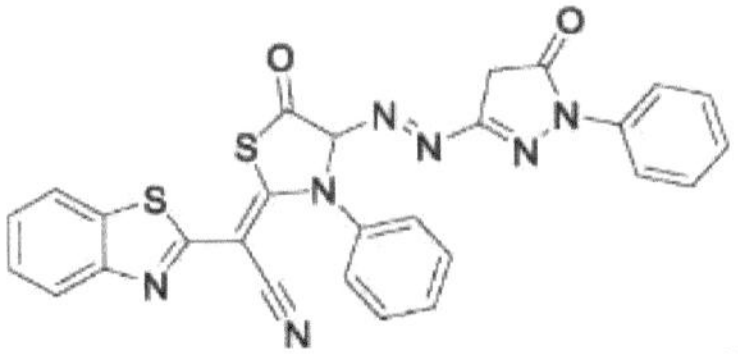

Figura 1.23: Estrutura de"(Z)-2-(benzo[d]tiazol-2-il)-2-(5-oxo-4-((E)-(5-oxo-1-fenil-4,5-di-hidro-1H-pirazol-3-il)diazenil)-3-feniltiazolidina-2-ilideno)acetonitrilo"

Narva et al. relataram a síntese de uma nova série de análogos do 2-(4-aminofenil) benzotiazol e avaliaram a sua atividade antiproliferativa contra as linhas celulares A549, HeLa e MDA-MB-231 utilizando o protocolo sulforhodamina B com doxorrubicina e paclitaxel como controlos +ve. Entre eles, o composto "N-(4-(benzo[d] thiazol-2-yl)phenyl)-2-(4-(p-tolyl)piperazin-1-yl)acetamide" **23 (Figura 1.24)** mostrou uma potente atividade antiproliferativa contra as linhas celulares A549, HeLa e MDA-MB-231 com
Os valores de GI50 foram de 0,25 ± 0,02 pM, 0,81 ± 0,01 pM e 0,95 ± 0,02 pM, respetivamente.[40]

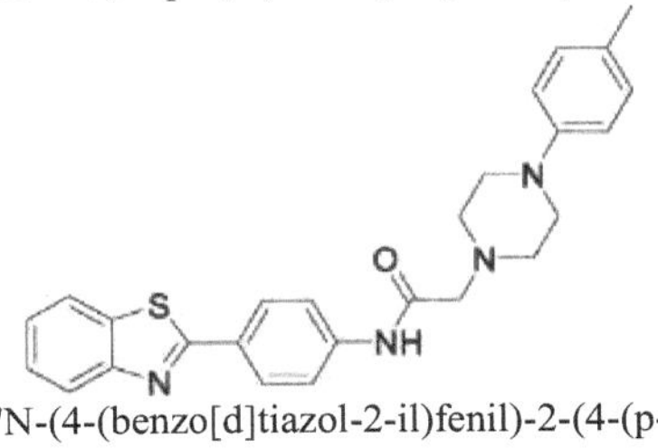

Figura 1.24: Estrutura da "N-(4-(benzo[d]tiazol-2-il)fenil)-2-(4-(p-tolil)piperazin-1-il)acetamida"

Song et al. relataram a síntese de uma nova série de ésteres de 2,3,4-trimetoxiaceto fenoxime contendo uma porção de benzotiazol e avaliaram a sua taxa de inibição contra as linhas celulares PC3 e A431. Entre eles, o composto "1-{[(*Z*)-{2-[(1,3-benzotiazol-2-il) sulfanil]-1-(2,3,4-trimetoxifenil)etilideno}amino]oxi}prop-2-en-1-ona" **24 (Figura 1.25)** apresentou uma taxa de inibição potente contra as linhas celulares PC3 e A431 com 71,3% e 69,9% a 10 pg/mL, respetivamente.[41]

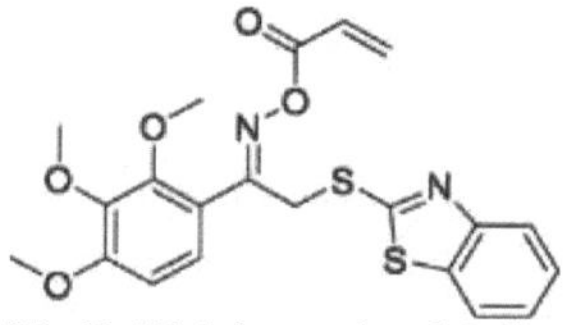

Figura 1.25: Estrutura do "1-{[(*Z*)-{2-[(1,3-benzotiazol-2-il)sulfanil]-1-(2,3,4-trimetox yphenyl)ethylidene}amino]oxy}prop-2-en-1-one"

Hassan et al. relataram a síntese de uma nova série de derivados de benzotiazóis e avaliaram *in vitro* os seus perfis antiproliferativos contra 60 linhas celulares diferentes. Entre eles, o composto "4-(benzo[d]thiazol-2-yl)-N5-phenyl-1H-pyrazole-3,5-diamine" **25 (Figura 1.26)** apresentou uma atividade inibitória promissora contra 60 linhas celulares humanas com GI50 variando de 0,683 a 4,66 pM/L.[42]

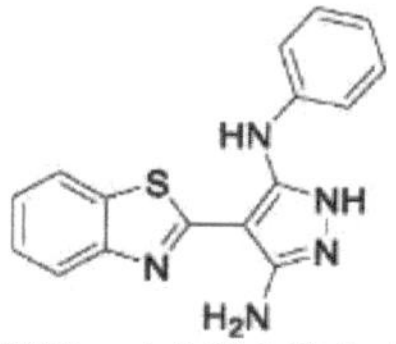

Figura 1.26: Estrutura do "4-(benzo[d]tiazol-2-il)-N5-fenil-1H-pirazol-3,5-diamina"

Kamal et al. relataram a síntese de uma nova série de 2-fenilimidazo[2,1-b]benzotiazóis 3-substituídos e examinaram os seus perfis anticancerígenos contra 60 linhas de células cancerígenas diferentes. O composto "7-metoxi-3-(naftaleno-2-il)-2-fenil benzo[d]imidazo[2,1-b]tiazol" **26 (Figura 1.27)** demonstrou uma eficácia anticancerígena promissora contra 60 linhas celulares de cancro humano, com um valor GI50 médio de 0,88 uM.[43]

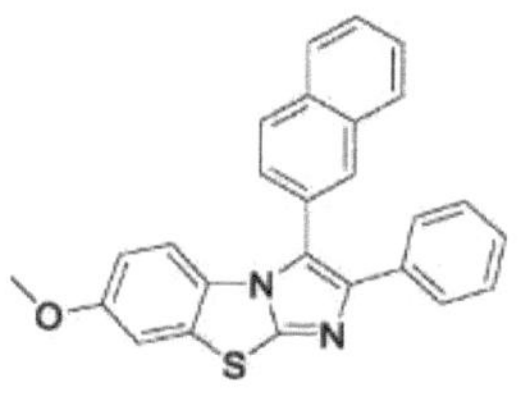

Figura 1.27: Estrutura do "7-metoxi-3-(naftaleno-2-il)-2-fenilbenzo[d]imidazo[2,1-b]tiazóis"

Ceylan et al. relataram a síntese de uma nova série de 2-[2-(2-Feniletenil)- ciclopent-3-en-1-

il]-1,3-benzotiazóis e examinaram as suas actividades antiproliferativas contra as linhas celulares C6 e HeLa com cisplatina e 5-FU como fármacos padrão. Entre eles, o composto "2-((1S,2S)-2-((E)-2-metoxiestiril)ciclopent-3-en-1-il)benzo[d]tiazol" **27 (Figura 1.28)** mostrou uma atividade anticancerígena potente contra a linha celular HeLa com um valor IC50 de 3,98±0,05 uM.[44]

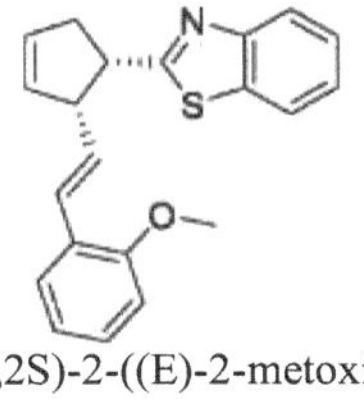

Figure 26:　: Estrutura do "2-((1S,2S)-2-((E)-2-metoxiestiril)ciclopent-3-en-1-il) benzo[d]tiazol"

Aouad et al. relataram a síntese de uma nova série de híbridos de benzotiazol-piperazina-1,2,3-triazol e avaliaram as suas actividades anticancerígenas contra as linhas celulares MCF7, T47D, HCT116 e Caco2 utilizando o ensaio de redução MTT. Entre eles, o composto "1-(4-(benzo[d]thiazol-2-yl)piperazin-1-yl)-2-(4-(3-hydroxypropyl)-1H-1,2,3-triazol-1-yl)ethan-1-one" **28 (Figura 1.29)** mostrou uma atividade anticancerígena potente contra as linhas celulares MCF7, T47D, HCT116 e Caco2 com valores IC50 de 38 ± 2 pM, 33 ± 4 pM, 48 ± 4 pM e 42 ± 2 pM após 48h de exposição.[45]

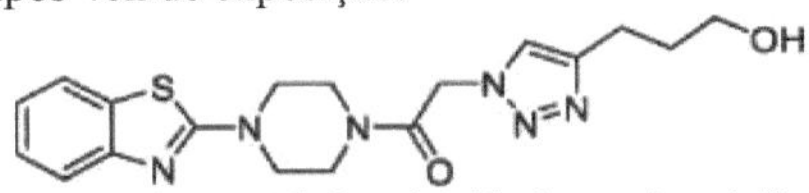

Figura 1.29: Estrutura da "1-(4-(benzo[d]tiazol-2-il)piperazina-1-il)-2-(4-(3-hidroxipropil)-1H-1,2,3-triazol-1-il)etan-1-ona"

Kok et al. relataram a síntese de uma nova série de benzotiazóis contendo derivados de ftalimida e analisaram a sua atividade anticancerígena contra as linhas celulares CA46, K562 e SKHep1 utilizando o ensaio de redução MTT. Entre eles, o composto "(3aR,7aS)-3a,7a-dimetil-2-(6-(trifluorometoxi)benzo[d]tiazol-2-il)hexa-hidro-1H-　　　　4,7-epoxi-isoindole-1,3(2H)-diona" **29 (Figura 1.30)** exibiu uma potente atividade anticancerígena contra a linha celular SKHep1 com um valor IC50 de 15,2 pM a 30,3 pM.[46]

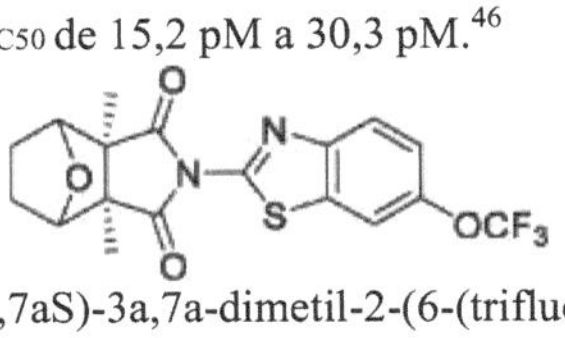

Figura 1.30: Estrutura da"(3aR,7aS)-3a,7a-dimetil-2-(6-(trifluorometoxi)benzo[d]tiazol-2-il)hexa-hidro-1H-4,7-epoxiisoindole-1,3(2H)-diona"

1.10. Derivados de sulfonamidas - Actividades anticancerígenas:

O grupo funcional sulfonamida é a base para o desenvolvimento de diferentes fármacos sulfa. Na porção sulfonamida, a atividade deve-se à presença de enxofre, azoto e oxigénio. Este andaime é utilizado para a conceção e síntese de candidatos anticancerígenos mais potentes contra diferentes linhas de células cancerígenas, tal como descrito abaixo na literatura.

Rostom et al. relataram a síntese de alguns novos indeno[1,2-c]-pirazol(in)es substituídos por derivados de sulfonamida e avaliaram as suas actividades citotóxicas contra 60 linhas diferentes de células cancerígenas pelo protocolo NCI. Entre eles, o composto "4-(3- (4-clorofenil)-3a,4-dihidroindeno[1,2-c]pirazol-2(3H)-il)-N-(ciclohexilcarbamoil) benzenossulfonamida" **30 (Figura 1.31)** apresentou uma atividade antitumoral promissora contra as linhas celulares de leucemia SR e de cancro renal A498 com valores GI50 de 0,41 uM e 0,01 uM, respetivamente.[47]

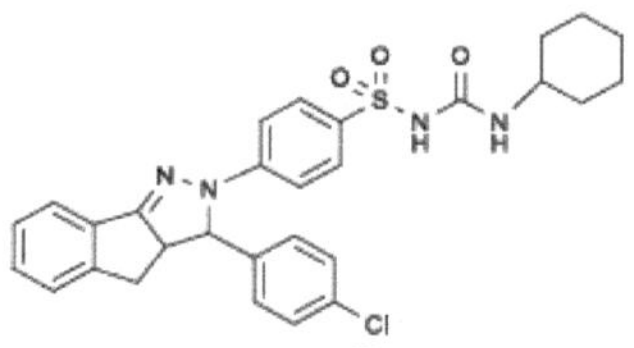

Figura 1.31: Estrutura do "4-(3-(4-clorofenil)-3a,4-di-hidroindeno[1,2-c]pirazol-2(3H)-il)-N-(ciclohexilcarbamoil)benzenossulfonamida"

Rao et al. comunicaram a síntese de uma nova série de derivados de furanos sulfonamidas e examinaram as suas actividades antitumorais em relação a três linhas celulares diferentes, incluindo MCF-7 (cancro da mama), A549 (cancro do pulmão) e A375 (cancro do melanoma), utilizando a metodologia de redução do MTT com doxorrubicina como controlo positivo. Entre eles, o composto "N-((3,4-bis(3,4,5-trimetoxifenil)furan-2-il)metil)-5-bromotiofeno-2-sulfonamida" **31 (Figura 1.32)** apresentou perfis citotóxicos potentes para as células MCF- 7, A549 e A375 com valores IC50 de 0,38 ± 0,030 uM, 0,78 ± 0,013 uM e 0,12 ± 0,012 uM, respetivamente.[48]

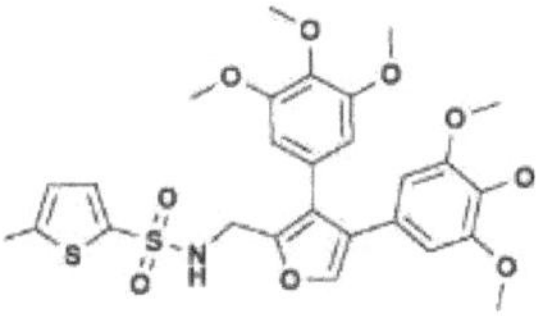

Figura 1.32: Estrutura do "N-((3,4-bis(3,4,5-trimetoxifenil)furan-2-il)metil)-5-bromotiofeno-2-sulfonamida"

Mohamadi et al. relataram a síntese de uma nova série de derivados de sulfonilureia e analisaram as suas actividades anticancerígenas contra as linhas celulares HXGC3, CX-1, VRC5 e LX-1. Entre eles, o composto "N-((4-clorofenil)carbamoil)-5-metoxitiofeno-2-sulfonamida" **32 (Figura 1.33)** mostrou actividades anticancerígenas potentes com um valor de inibição percentual de 93 ± 7 gM a 150 mg/kg e 100 gM a 300 mg/kg, respetivamente.[49]

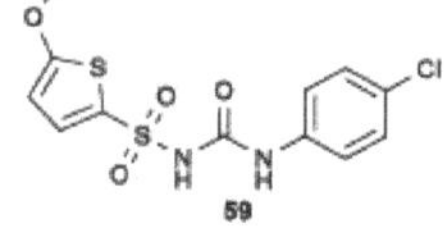

Figura 1.33: Estrutura da "N-((4-clorofenil)carbamoil)-5-metoxitiofeno-2-sulfonamida"

Lee et al. relataram a síntese de uma nova série de derivados de 1-[1-(4-aminobenzoil)-2,3-*dihidro-1H-indol-6-sulfonil*]-4-fenil-imidazolidina-2-ona e analisaram as suas actividades antitumorais contra diferentes linhas de células cancerosas. Entre eles, os compostos "cloridrato de 1-((1-(4-aminobenzoil)indolin-5-il)sulfonil)-4-fenilimidazolidina-2-ona "**33** **(Figura 1.34)** e o cloridrato de "(R)-1-((1-(4-aminobenzoil)indolin-5-il)sulfonil)-4-fenilimida zolidin-2-ona" **34 (Figura 1.35)** apresentaram actividades anticancerígenas potentes contra MCF-7/ADR com um valor GI50 de 0,04 gM e <0,01 gM, respetivamente.[50]

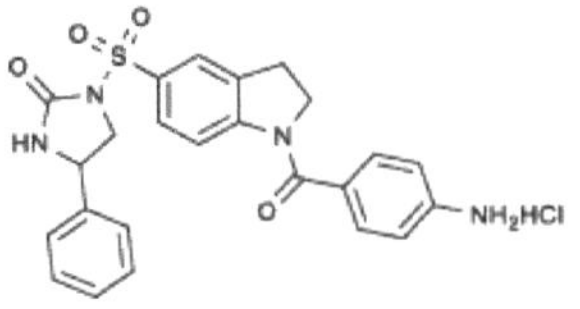

Figura 1.34: Estrutura do cloridrato de "1-((1-(4-aminobenzoil)indolin-5-il)sulfonil)-4-fenil imidazolidin-2-ona"

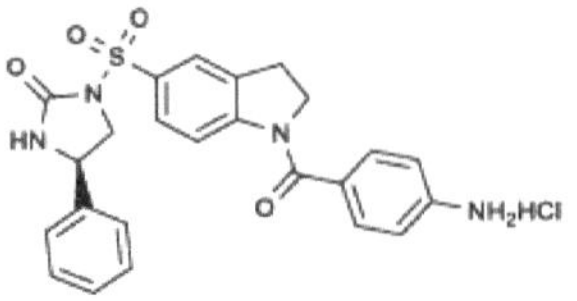

Figura 1.35: Estrutura do cloridrato de "(R)-1-((1-(4-aminobenzoil)indolin-5-il)sulfonil)-4-fenilimidazolidina-2-ona"

Kwon et al. relataram a síntese de análogos sulfonamídicos da Antofina e da Criptopleurina e analisaram os seus perfis antitumorais contra as linhas celulares A549, HCT-116, SNU-638, MDA-MB-231, SK-Hep-1, PC-3 e Caki-1 utilizando o ensaio da Sulforhodamina B (SRB) com antofina e criptopleurina como fármacos padrão. Entre eles, o composto "(R)-N-(2,3-dimetoxi-11,12,13,14,14a,15-hexahidro-9H-dibenzo[f,h]pirido[1,2-b]iso quinolin-6-il)metanossulfonamida" **35 (Figura 1.36)** mostrou perfis citotóxicos promissores contra as linhas celulares A549, HCT-116, SNU-638, MDA-MB-231, SK-Hep-1, PC-3 e Caki-1 com valores IC50 de 0,46 ± 0,03 gM, 0,48 ± 0,03 gM, 0,52 ± 0,02 gM, 0,38 ± 0,04 gM, 0,34 ± 0,05 gM, 0,75 ± 0,02 gM e 0,43 ± 0,02 gM.[51]

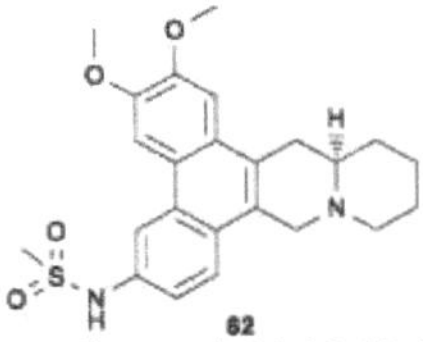

Figura 1.36: Estrutura da "(R)-N-(2,3-dimetoxi-11,12,13,14,14a,15-hexahidro-9H-dibenzo[f,h]pirido[1,2-b]isoquinolin-6-il)metanossulfonamida"

Ghorab et al. relataram a síntese de uma nova série de sulfonamidas contendo derivados de pirrolo[2,3-d]pirimidina e examinaram as suas actividades antitumorais e de radioprotecção. Entre eles, os compostos "4-(3-cyano-4-phenyl-2-ureido-1H-pyrrol-1-yl)benzenesulfonamide" **36 (Figura 1.37)** e "4-(3-cyano-2-(3-ethylthioureido)-4-phenyl-1H-pyrrol-1-yl)benzenesulfonamide" **37 (Figura 1.38)** mostraram uma atividade antitumoral potente contra linhas celulares de carcinoma com valores IC50 de 3 gM e 0,5 gM respetivamente.[52]

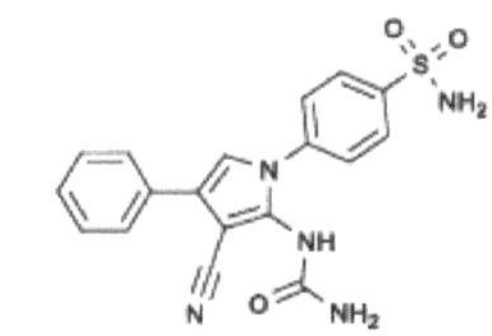

Figura 1.37: Estrutura da "4-(3-cyano-4-phenyl-2-ureido-1H-pyrrol-1-yl)benzene sulfonamide"

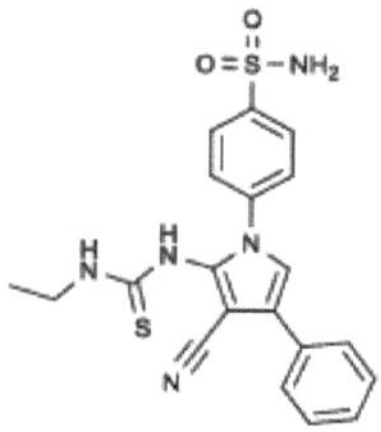

Figura 1.38: Estrutura da "4-(3-cyano-2-(3-ethylthioureido)-4-phenyl-1H-pyrrol-1-yl)benzenesulfonamide"

Ghorab et al. relataram a síntese de novos derivados de tetrahidroquinolina ligados à porção sulfonamida e avaliaram os seus perfis citotóxicos em relação à linha celular de cancro da mama (MCF-7) utilizando o ensaio SRB com doxorrubicina como medicamento padrão. Entre eles, os compostos "4-(4-imino-5-metil-2-tioxo-1,4,6,7,8,9-hexahydropyrimido[4,5-b] quinolin-3(2H)-yl)benzenossulfonamida" **38 (Figura 1.39)**, "N-carbamimidoyl-4-(4- imino-5-methyl-2-thioxo-1,4,6,7,8,9-hexahydropyrimido[4,5-b]quinolin-3(2H)-yl)benze nesulfonamide" **39 (Figura 1.40)** mostraram actividades anticancerígenas potentes contra a linha celular MCF-7 com valor IC50 de 2,37 11M e 2,89 11M respetivamente.[53]

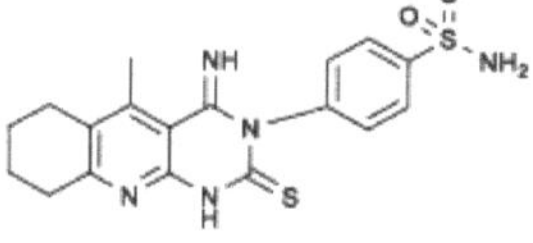

Figura 1.39: Estrutura da "4-(4-imino-5-metil-2-tioxo-1,4,6,7,8,9-hexa-hidropirimido [4,5-b]quinolin-3(2H)-il)benzenossulfonamida"

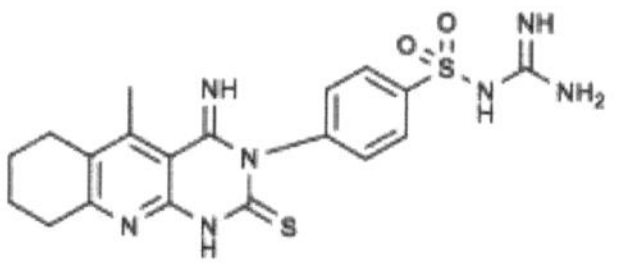

Figura 1.40: Estrutura da "N-carbamimidoil-4-(4-imino-5-metil-2-tioxo-1,4,6,7,8,9- hexa-hidropirimido[4,5-b]quinolin-3(2H)-il)benzenossulfonamida"

Saleh et al. relataram a síntese de uma nova série de derivados de pirazol fundidos e avaliaram as suas actividades anticancerígenas contra linhas celulares humanas HEPG2 utilizando o método do protocolo MTT com erlotinib e sorafenib como controlos positivos. O composto "4-(2-bromofenil)-5-imino-3-metil-1,4-dihidropirazolo[4',3':5,6]pirano [2,3-d]pirimidin-6(5H)-amina" **40 (Figura 1.41)** apresentou uma potente atividade inibidora do EGFR com um valor IC50 de 0,06 11M. Enquanto que outro composto "N-(4-(2-bromofenil)-5-ciano-3-metil-1,4-dihidropirano[2,3-c]pirazol-6-il)-4-metilbenzenossulfonamida" **41 (Figura 1.42) apresentou uma** atividade inibidora potente do VEGFR com um valor IC50 de 0,22 uM, respetivamente.[54]

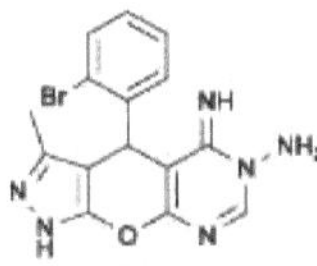

Figura 1.41: Estrutura da "4-(2-bromofenil)-5-imino-3-metil-1,4-dihidropirazolo [4',3':5,6]pirano[2,3-d]pirimidina-6(5H)-amina"

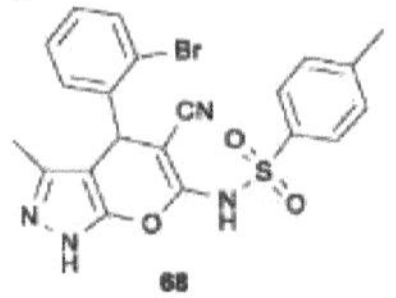

Figura 1.42: Estrutura da "N-(4-(2-bromofenil)-5-ciano-3-metil-1,4-di-hidro-pirano[2,3-c]pirazol-6-il)-4-metilbenzenossulfonamida"

Al-Said et al. relataram a síntese de alguns novos derivados de hexa-hidroquinolina ligados à porção de benzeno sulfonamida e avaliaram as suas actividades anticancerígenas contra células de carcinoma de ascite de Ehrlich com doxorrubicina como medicamento padrão. Entre eles, o composto "4-(2-(4-bromofenil)-5-(2,4-diclorofenil)-4,6-dioxo-3,4,5,6,7,8,9,10-octa-hidrobenzo[g]quinazolin-10-il)benzenossulfonamida "**42 (Figura 1.43)** mostrou uma atividade anticancerígena potente contra estas linhas celulares com um valor IC50 de 37 uM.[55]

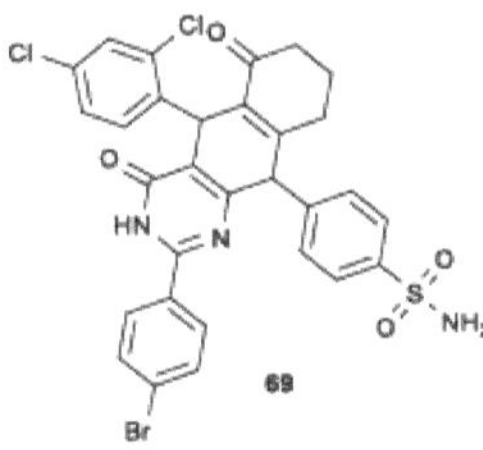

Figura 1.43: Estrutura da "4-(2-(4-bromofenil)-5-(2,4-diclorofenil)-4,6-dioxo-3,4,5,6,7,8,9,10-octahidrobenzo[g]quinazolin-10-il)benzenossulfonamida"

Abbate et al. referiram que o candidato a medicamento anticancerígeno "*N*-(3-cloro-7-indolil)- 1,4-benzenodissulfonamida "**43 (Figura 1.44)** E7070 foi posteriormente estabelecido em estudos clínicos para o tratamento de diferentes tipos de cancro. Também se provou que actua como um importante inibidor da anidrase carbónica. A estrutura cristalina de raios X do aduto de hCA II com o E7070 mostra as interacções sem precedentes entre o sítio ativo e o inibidor.[56]

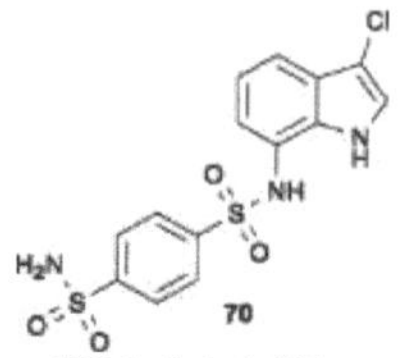

Figura 1.44: Estrutura da "N-(3-cloro-1H-indol-7-il)benzeno-1,4-dissulfonamida"

Shelke et al. relataram a síntese de derivados de benzeno sulfonamida 3-(indolina-1-carbonil)-N-substituídos e avaliaram as suas actividades anticancerígenas contra linhas celulares de cancro do pulmão (A549), do colo do útero (HeLa), da mama (MCF-7) e da próstata (Du-145) utilizando o método do protocolo SRB com 5-Fluorouracil como controlo positivo. O composto "ácido 3-(N-(o-tolil)sulfamoil)benzoico" **44 (Figura 1.45)** mostrou actividades anticancerígenas potentes contra a linha celular A549 com um valor IC50 de 1,98 ± 0,12 p.M. Enquanto que outro composto "ácido 3-(N-(2-etilfenil)sulfamoil)benzoico" **45 (Figura 1.46)** também mostrou uma atividade anticancerígena promissora contra a linha celular HeLa com um valor IC50 de 1,99 ± 0,22 uM.57

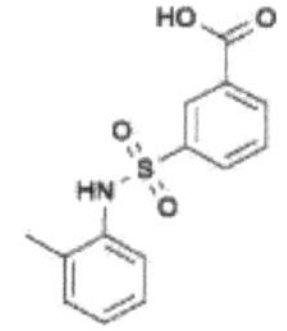

Figura 1.45: Estrutura do "ácido 3-(N-(o-tolil)sulfamoil)benzoico"

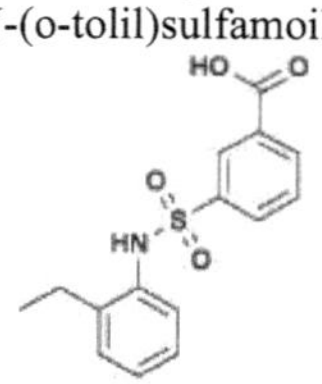

Figura 1.46: Estrutura do "ácido 3-(N-(2-etilfenil)sulfamoil)benzoico"

Ghorab et al. relataram a síntese de novos derivados de sulfonamida e avaliaram os seus perfis antitumorais contra linhas de células da mama (MDA-MB-231) e do cólon (HT-29), empregando o ensaio de proliferação de células WST-1 com 5-Fluorouracil como medicamento padrão. Entre eles, o composto "4-amino-3-(4-nitrofenil)-N-(4-sulfamoilfenil)-2-tioxo-2,3-dihidrotiazol-5-carboxamida" **46 (Figura 1.47)** mostrou uma atividade anticancerígena potente contra MDA-MB-231 com um valor IC50 de 66,6 p.M.58

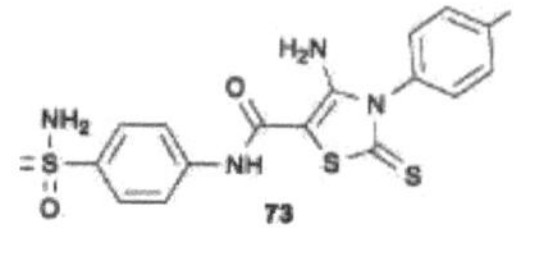

Figura 1.47: Estrutura da "4-amino-3-(4-nitrofenil)-N-(4-sulfamoilfenil)-2-tioxo- 2,3-dihidrotiazole-5-carboxamida"

1.11. Objetivo e âmbito de aplicação:

O pirenoforol apresentou actividades anti-helmínticas potentes e foi medianamente ativo em relação ao fungo *"Microbotryum violaceum"*. Assim, o (-) -pirenoforol foi um dos isómeros com maior utilidade para a indústria. A síntese total estereosselectiva do (-)-pirenoforol foi obtida a partir do (*S*)-propileno e foi discutida no Capítulo

- II com o título "Stereoselective total synthesis of (-) - (5S, 8R, 13S, 16R)-Pyreno phorol".

Foi feito um esforço para sintetizar os derivados 2-(5-(Benzo[d]thiazol-2-yl)-1H-imidazol-1-yl)- 5-aryl-1H-benzo[d]imidazole seguidos do seu rastreio anticancerígeno contra as linhas celulares MCF-7, A2780, A549, e Colo-205 como protocolo MTT com etoposido como controlo positivo foram discutidos no capítulo - III sob o título "Conceção, síntese e avaliação anticancerígena de derivados de 2-(5-(Benzo[d]tiazol-2-il)-1H-imidazol-1-il)-5-aril-1H-benzo [d]imidazol como agentes anticancerígenos".

Foi feito um esforço para sintetizar derivados de sulfonamida de benzotiazol-quinoloína-pirazóis, seguido do seu rastreio anticancerígeno contra as linhas celulares MCF-7, A2780, A549 e Colo-205, como protocolo MTT com etoposido como controlo positivo, que foram discutidos no capítulo - III sob o título "Conceção, síntese e avaliação anticancerígena de derivados de sulfonamida de benzotiazol-quinoloína-pirazol como agentes anticancerígenos".

1.12. Referências:

1. Villarino N, Brown SA, e Martin-Jimenez T. *The Vet. J.,* **2013,** *198,* 352-357.

2. Evans NA. *Vet. Ther.,* **2005,** *6,* 83-95.

3. "Eritromicina*".* A Sociedade Americana de Farmacêuticos do Sistema de Saúde. Arquivado do original em 2015-09-06. Recuperado em 1 de agosto de 2015.

4. Semenitz E. *J. Antimicrob. Chemother,* **1978,** *4,* 455-457.

5. "Clarithromycin". A Sociedade Americana de Farmacêuticos do Sistema de Saúde. Arquivado do original em 3 de setembro de 2015. Recuperado em 4 de setembro de 2015.

6. Ensaio clínico número NCT00197379 para "The Effect of 0.5% Roxithromycin Lotion for Androgenetic Alopecia" em Clinical Trials. gov.

7. McConnell SA, e Amsden GW. *Pharmacotherapy,* **1999,** *19,* 404-415.

8. "Azitromicina". A Sociedade Americana de Farmacêuticos do Sistema de Saúde. Arquivado do original em 5 de setembro de 2015. Recuperado em 1 de agosto de 2015.

9. "Spiramycin". www.toku-e.com. Recuperado em 2019-02-28.

10. Parker CT, e Mannor K (2003-01-01). "Resumo exemplar para Streptomy ces ambofaciens Pinnert-Sindico 1954 (listas aprovadas em 1980) emend. Nouioui et al. 2018".

11. "Tilosina". marvistavet.com. Arquivado do original em 10 de maio de 2012.

12. Giguere S, e Dowling PM. "Tylosin". Antimicrobial Therapy in Veterinar y Medicine (4ª ed.), **2006.** Ames, Iowa: Blackwell Pub. ISBN 978-0-8138-0656-3.

13. Osono T, Oka Y, Watanabe S, Okami Y, e Umezawa H. *J. Antibiot.,* **1967,** *20,* 174-180.

14. Umezawa H. *Jornal Italiano de Quimioterapia,* **1982,** *1,* 1-10.

15. Salhi A, Vindel JA, Brunaud M, Berceaux G, Marin A, e Wuatelet C. *Giornale Italiano di Chemioterapia,* **1977,** *24,* 67-76.

16. Wang YG, e Hutchinson CR. *Chin. J. Biotechnol.,* **1989,** *5,* 191-201.

17. Micotil 300 New Animal Drug Application, Administração de Alimentos e Medicamentos dos Estados Unidos

18. Micotil (tilmicosina) - Reacções adversas a medicamentos - Medicamentos veterinários, Direção de Medicamentos Veterinários.

19. Braga PC. *J. Chemother,* **2002**, *14,* 115-131.

20. Holliday SM, e Faulds D. *Drugs,* **1993**, *46,* 720-745.

21. Alluraiah G, Sreenivasulu R, Chandrasekhar C, e Raju RR. *Nat. Prod. Res.,* **2019**, *33,* 2738-2743.

22. Ashok D, Pervaram S, Chittireddy VRR, Reddymasu S, e Vuppula NK. *Chem. Pap.,* **2018**, *72,* 971-977.

23. Yadav JS, Reddy UVS, e Reddy BVS. *Tetrahedron Lett.,* **2009**, *50,* 5984-5986.

24. Musulla S, Kumari BY, e Rao SA. *Int. Res. J. Pharm.,* **2018**, *9,* 161-164.

25. Dommorholt FJ, Thijs L, e Zwanenburg B. *Tetrahedron Lett.,* **1991**, *32,* 14991502.

26. Machinaga N, e Kibayashi C. *Tetrahedron Lett.,* **1993**, *34,* 841-844.

27. Yadav JS, Reddy GM, Rao TS, Reddy BVS, e Al Ghamdi AAK. *SYNTHESIS,* **2012**, *44,* 783-787.

28. Relatório Mundial sobre o Cancro da OMS 2014 (2013). http://www.nydailynews.com/life- style/health/14-million-people-cancer-2012-article-1.1545738. Acedido em 12 de dezembro de 2013.

29. Siegel RL, Miller DK, e Jemal A. *CA Cancer J. Clin.,* **2015**, *65,* 5-29.

30. Takiar R, Nadiyal D e Nandakumar A. (2010) *Asian Pac. J. Can. Pre.,* **2010**, *11,* 1045-1049.

31. Aydemir N e Bilaloglu R. *Mut. Res.,* **2003**, *537,* 43-51.

32. Li Y, Wei X, Bai S, Xu ZG e Lv M. *J. Heterocyclic Chem.,* **2019**, *56,* 34293434.

33. Mochona B, Jackson T, McCauley D, Mazzio E, e Redda KK. *J. Heterocyclic Chem,* **2016**, *53,* 1871-1877.

34. Capan I, Servi S, Dalkilic S, e Dalkilic LK. *Chemistry Select,* **2020**, *5,* 1439314398.

35. Cevik UA, Saglik BN, Ardic CM, Ozkay Y, e Atli O. *Turk. J. Biochem.,* **2018**, *43,* 151-158.

36. Wang Z, Deng X, Xiong S, Xiong R, Liu J, Zou L, Lei X, Cao X, Xie Z, Chen Y, Liu Y, Zheng X e Tang G. *Nat. Prod. Res.,* **2018**, *32,* 2900-2909.

37. Kamal A, Khan MNA, Reddy KS, Srikanth YVV e Sridhar B. *Chem. Biol. Drug Des.,* **2008**, *71,* 78-86.

38. Ma J, Zhang G, Han X, Bao G, Wang L, Zhai X e Gong P. Arch. Pharm. Chem. Life Sci. **2014**, *347,* 1-14.

39. Mohamed LW, Taher AT, Rady GS, Ali MM, e Mahmoud AE. *Chem. Biol. Drug Des.,* **2017**, *89,* 566-576.

40. Narva S, Chitti S, Amaroju S, Goud S, Alvala M, Bhattacharjee D, Jain N e Gowri CSKV. *J. Heterocyclic Chem,* **2019**, *56,* 520-532.

41. Song BA, Liu XH, Yang S, Hu DY, Jin LH, e Zhang H. *Chinese J, Chem.,* **2005**, *23,* 1236-1240.

42. Hassan AY, Sarg MT e Hussem EM. *J. Heterocyclic Chem.,* 2019, *56,* 14371457.

43. Kamal A, Sultana F, Ramaiah MJ, Srikanth YVV, Viswanath A, Kishore C, Sharma P, Pushpavalli SNCVL, Addlagatta A, e Pal-Bhadra M. *Chem. Med. Chem.,* **2012**, *7,* 292-300.

44. Ceylan M, Erkan S, Yaglioglu AS, Uremis NA, e Koc E. *Chem. Biodiversity,* **2020**, *17,* e1900675.

45. Aouad MR, Soliman MA, Alharbi MO, Bardaweel SK, Sahu PK, Ali AA, Messali M, Rezki N e Al-Soud YA. *Molecules,* **2018**, *23,* 2788.

46. Kok SHL, Gambari R, Chui CH, Yuen MCB, Lin E, Wong RSM, Lau FY, Cheng GYM, Lam WS, Chan SH, Lam KH, Cheng CH, Lai PBS, Yu MWY, Cheung F, Tang JCO e Chan

ASC. *Bioorg. Med. Chem.,* **2008,** *16,* 3626-3631.

47. Rostom SAF. *Bioorg. Med. Chem.,* **2006,** *14,* 6475-6485.

48. Rao GPC, Ramesh V, Ramachandran D e Chakravarthy AK. *Russian J. Gen. Chem,* **2019,** *89,* 486-491.

49. Mohamadi F, Spees MM e Grindey GB. *J. Med. Chem.,* **1992,** *35,* 3012-3016.

50. Lee CW, Hong DH, Han SB, Jung SH, Kim HC, Fine RL, Lee SH e Kim HM. *Biochem. Pharmacol.,* **2002,** *64,* 473-480.

51. Kwon Y, Song J, Lee H, Kim EY, Lee K, Lee SK, e Kim S. *J. Med. Chem.,* **2015,** *58,* 7749-7762.

52. Ghorab MM, Noaman E, Ismail MMF, Heiba HI, Ammar YA e Sayed MY. *ArzneimForschDrugRes,* **2006,** *56,* 405-413.

53. Ghorab MM, Ragab FA, e Hamed MM. *Eur. J. Med. Chem.,* **2009,** *44,* 42114217.

54. Saleh NM, EI-Gazzar MG, Aly HM, e Othman RA. *Frontiers Chem,* **2020,** *7,* 917:1-12.

55. Al-Said MS, Ghorab MM, Al-Dosari MS, e Hamed MM. *Eur. J. Med. Chem.,* **2011,** *46,* 201-207.

56. Abbate F, Casini A, Owa T, Scozzafava A e Supuran CT. *Bioorg. Med. Chem. Lett.,* **2004,** *14,* 217-223.

57. Shelke RN, Pansare DN, Pawar CD, Khade MC, Jadhav VN, Deshmukh SU, Dhas AK, Chavan PN, Sarkate AP, Pawar RP, Shinde DB e Thopate SR. *Eur. Chem. Bull,* **2019,** *8,* 1-6.

58. Ghorab MM, Alsaid MS, Dhfyan AA, e Arafa RK. *Ata Poloniae Pharmaceutica,* **2015,** *72,* 79-87.

Capítulo - II

Síntese total estereosselectiva de (-) - (5S, 8R, 13S, 16R)-pirenoforol

2.1. Introdução

Os macrodiolídeos são produtos naturais de ésteres cíclicos derivados de esponjas marinhas e fungos, que apresentaram várias actividades biológicas. Os macrodiolidos existem como homodímeros, como o pirenoforol,[1-6] pirenoforina,[2,7] tetrahidropirenoforol,[6] vermiculina[8] e heterodímeros, incluindo o colletodiol[9-12] e a grahamimicina A1[13] . A maioria dos diolídeos apresenta uma potente atividade antifúngica,[1,6] anti-helmíntica,[3,5] e fitotóxica.[4]

O pirenoforol **47** (**figura 2.1**) é um macrólido com dezasseis membros, que foi isolado do fungo "*Byssochlamysnivea*",[1] e também encontrado em "*Stemphylium radicinum*,[2] *Alternaria alternata*,[3] *Drechslera avenae*[4] e *Phoma* sp".[6] O pirenoforol mostrou actividades anti-helmínticas potentes,[3,14] e foi medianamente ativo em relação ao fungo "*Microbotryum violaceum*". O sopirenoforol foi preparado por muitos grupos devido às suas estruturas dotadas de uma potente atividade farmacológica.

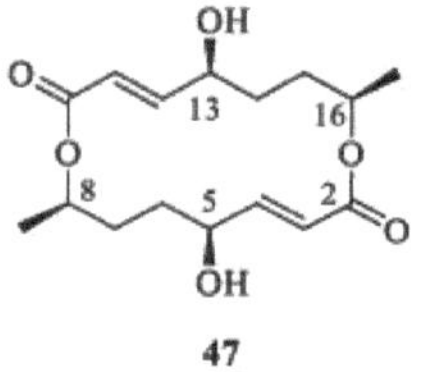

47

(5*S*, 8*R*, 13*S*, 16*R*)

Figura 2.1: Estrutura do (-)-Pirenoforol

Os métodos sintéticos anteriores para o (-)-pirenoforol tinham desvantagens características que incluíam rendimentos fracos, passos de reação demorados e a utilização de recursos de pool quiral. Para ultrapassar estes inconvenientes, mencionámos aqui uma via sintética alternativa para a síntese total do (-)-pirenoforol.

2.2. Resultados e discussão:

A nossa metodologia retrosintética para a preparação do **47** é apresentada no Esquema 2.1. A macrodiolida **47 pode** ser obtida a partir do hidroxiácido **48** *por* ciclodimerização nas condições de Mitsunobu, seguida de desproteção dos éteres PMB. O hidroxiácido **48** deve ser obtido a partir do éster **49**, que também pode ser obtido a partir do epóxido de (*S*)-*propileno* **50** por resolução hidrolítica de Jacobsen do epóxido de (±)-propileno.

Esquema 2.1

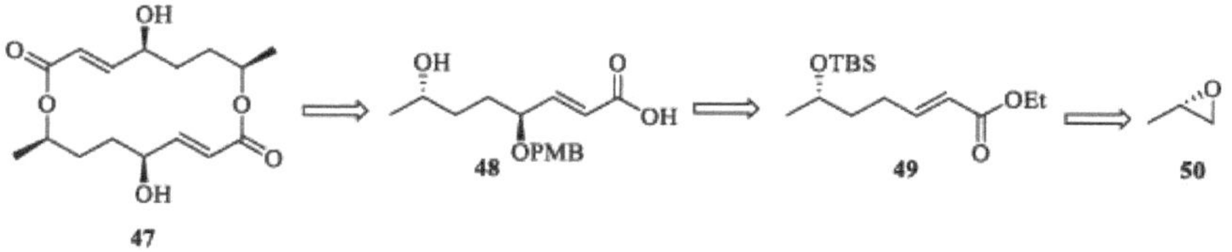

47 **48** **49** **50**

A preparação da macrodiolida **47** foi iniciada a partir do epóxido de (*S*)-*propileno*[15-17] , como se mostra no Esquema 2.2. Neste caso, o epóxido **50** foi tratado com cloreto de alilo e magnésio em solvente de éter e seguido da sililação do álcool secundário **51** com TBSCl e imidazol em solvente DCM, obtendo-se **52** com um rendimento de 70%. A utilização do reagente cloreto de alilmagnésio em solvente de éter a -78 °C pode abrir o epóxido **50** (Esquema 2.2), que foi submetido a sililação com cloreto de butil sililo terciário e imidazol dissolvido em solvente de diclorometano a 28° C, dando então **52** com 70% de rendimento como um líquido incolor. O[1] H NMR de **52** mostrou os sinais a 5 0,84 e 0,06 como dois singletos devido ao grupo sililo, enquanto os protões olefínicos ressoaram a 5 5,72 e também ressoaram a 5 4,89 (J = 17,3, 3,7 Hz) como dd. No ESIMS de **52** (M+Na)$^+$ pico observado a *m/z* 237 justificaria a formação do produto.

Esquema 2.2

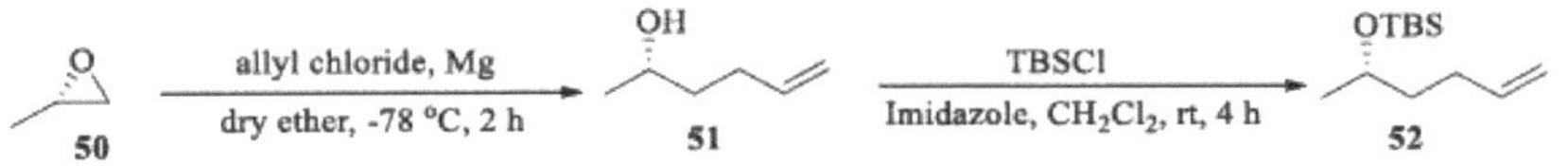

O composto **52** sofre ozonólise em solvente diclorometano a -78 °C durante meia hora, produzindo depois o aldeído, que sofre olefinação com "(etoxicarbonilmetileno)trifenilfosforano" em solvente DCM a 28° C durante 4 h, obtendo-se **49** com 72 % de rendimento (Esquema 2.3). A RMN de 1H do **49** mostrou picos que ressoam a 5 6,88 para determinar os protões da olefina e também ressoam a 5 5,70 como doublet. Os valores de J a 16,1 Hz representam o isómero *E*. Os protões que ressoam a S 3,76 determinariam o grupo éster etílico como quarteto e também ressoam a 51,08 como dupleto. No ESIMS de **49**, (M+Na)+ observado a *m/z* 309 determinaria a justificação do produto sintetizado.

Esquema 2.3

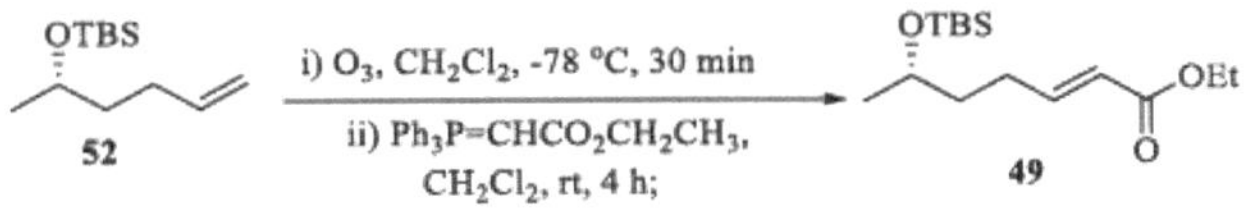

Dihidroxilação assimétrica sem Sharpless[18] do éster **49** utilizando AD-mix-a na presença de metanossulfonamida dissolvida em t-BuOH/H2O na proporção de 1:1 a 0 °C durante 24 h, deu origem ao diol **53** com um rendimento de 92 % (Esquema 2.4). A RMN[1] H de **53** mostrou que o protão que ressoa a 5 4,06 determina-OH como multipleto, os restantes protões ressoam com valores de desvio químico apropriados. A estrutura de **53 foi** confirmada pelo pico correspondente (M+Na)$^+$ que apareceu a *m/z* 343.

Esquema 2.4

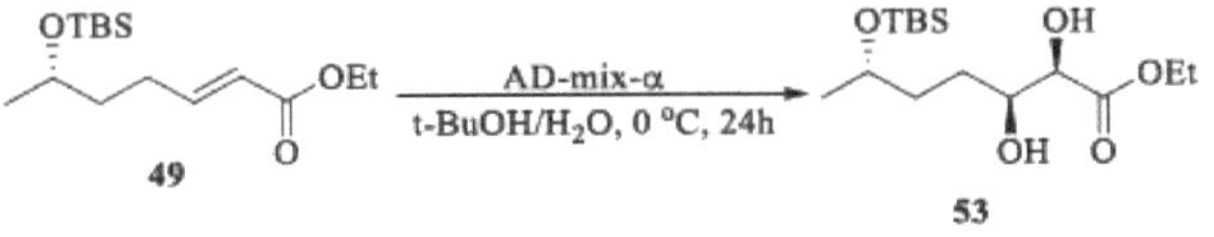

Em seguida, o diol resultante **53** foi reagido com 2,2-dimetoxi propano na presença de cat. PTSA em solvente DCM durante 1 h, obtendo-se então a acetonida **54** com um rendimento de 75 % (Esquema 2.5). [1]A RMN H de **54** mostrou que os protões ressoam a 5 1,47, 1,44 como dois singletos que determinam o grupo acetonido e os restantes protões originados em valores de deslocamento químico apropriados. A estrutura de **54 é** confirmada pelo pico correspondente $(M+Na)^+$ que aparece a *m/z383*.

Esquema 2.5

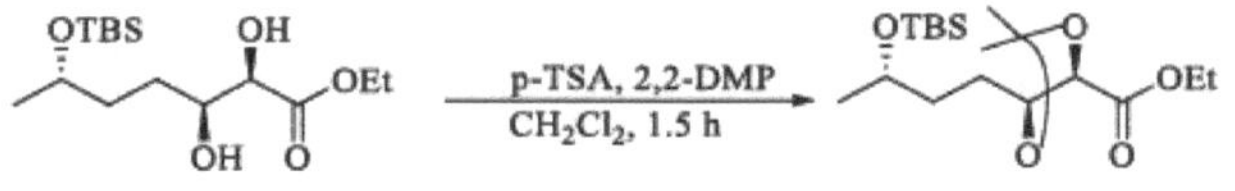

O grupo éster em **54** foi reduzido com DIBAL-H dissolvido em solvente DCM seco a 0 °C durante 1h, obtendo-se o álcool **55** com 77% de rendimento (Esquema 2.6). Observamos a ausência de protões de éster em **54,** enquanto que os protões -CH2OH ressoaram a 5 4.173.99 como um multipleto, enquanto que os restantes protões foram observados nos valores de deslocamento químico apropriados. A estrutura de **55 foi** confirmada pelo pico correspondente $(M+Na)^+$ que apareceu a *m/z341*.

Esquema 2.6

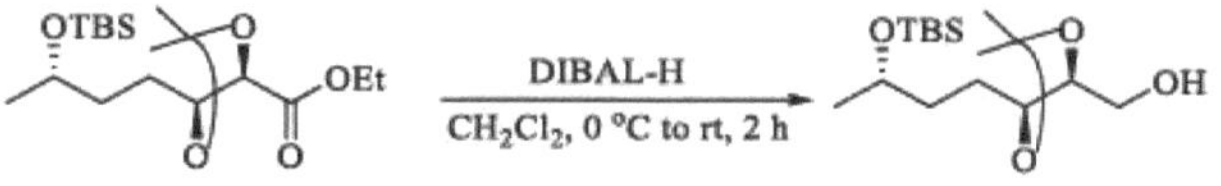

Em seguida, o álcool **55** reagiu com I2/PPh3 e imidazol e foi convertido no derivado de iodeto **56.** Este derivado de iodeto **56** sofre uma redução com pó de zinco em etanol e dá origem ao álcool **S-alílico 57** com um rendimento de 76% (Esquema 2.7). Observamos a ausência de protões acetonídicos e o aparecimento de novos protões olefínicos que ressoam a 5,89 (1H) como multipleto e 5,09 como quarteto, confirmando a estrutura de **57**. A estrutura de **57** é confirmada pelo pico correspondente $(M+Na)^+$ que aparece a *m/z267*.

Esquema 2.7

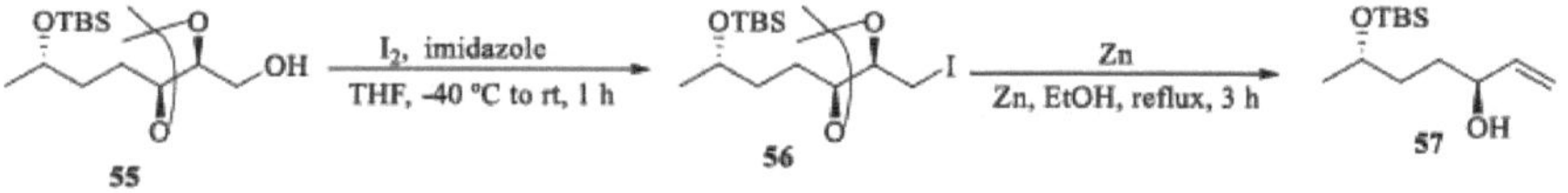

Posteriormente, reagindo com NaH e PMBBr a 0 °C, obteve-se o éter PMB **58** com um rendimento de 79 % (Esquema 2.8). Na RMN de^1 H, os protões aromáticos recém-aparecidos ressoaram a 5 7,19 e 6,83 como dois dupletos com J = 8,6 Hz e dois dupletos a 5 4,50, 4,28 correspondentes a protões benzílicos. Os restantes protões foram observados com os valores de desvio químico adequados. No ESIMS de **58** $(M+Na)^+$, o pico apareceu a *m/z* 387, confirmando ainda mais o produto.

Esquema 2.8

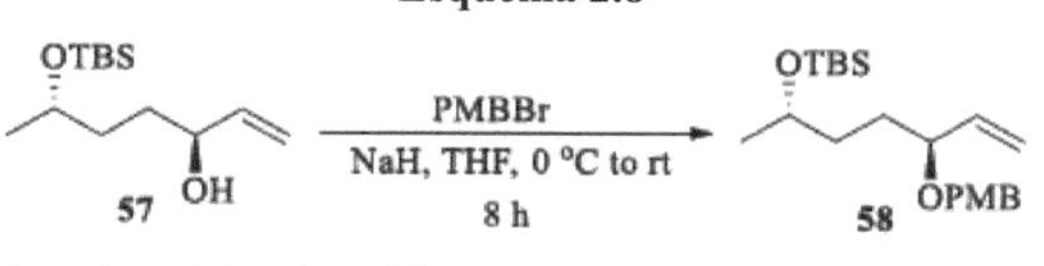

A olefina **58** obtida acima foi submetida a uma metátese cruzada utilizando o catalisador Grubb's II em solvente DCM com acrilato de etilo à temperatura de refluxo durante 12 h, dando então um éster *trans - a,* B-insaturado **59** com 67 % de rendimento (Esquema 2.9). A RMN de 1H de **59** mostrou que os protões ressoam a 5 6,59 e determinam os protões olefínicos como dd e também ressoam a 5 5,77 como doublet. Os valores de J a 15,6 Hz representam o *isómero E.* Os protões de ésteres metílicos recém-surgidos ressoam a S 3,67 como singleto. No ESIMS de **59,** o pico (M+Na)+ apareceu a *m/z* 445, confirmando ainda mais o produto.

Esquema 2.9

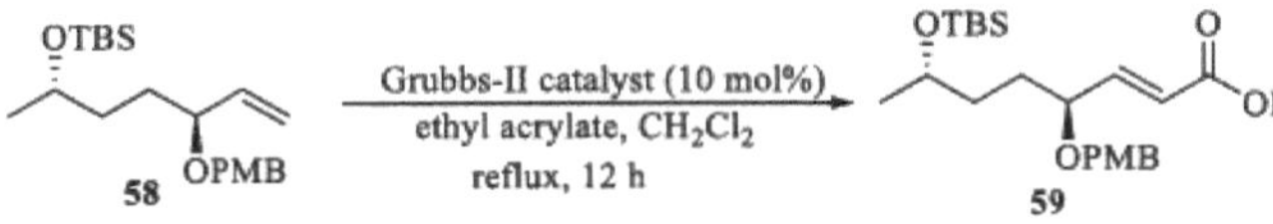

O éster **59** foi hidrolisado com LiOH em THF:MeOH:H2O numa proporção de 3:1:1 à temperatura ambiente durante 4 horas, dando origem ao ácido **60** com 76 % de rendimento (Esquema 2.10). ^{1}A RMN H de **60** revelou a dispersão dos protões do éster, enquanto o pico ESIMS de **60** (M+Na)$^+$ apareceu a *m/z* 431, confirmando ainda mais o produto.

Esquema 2.10

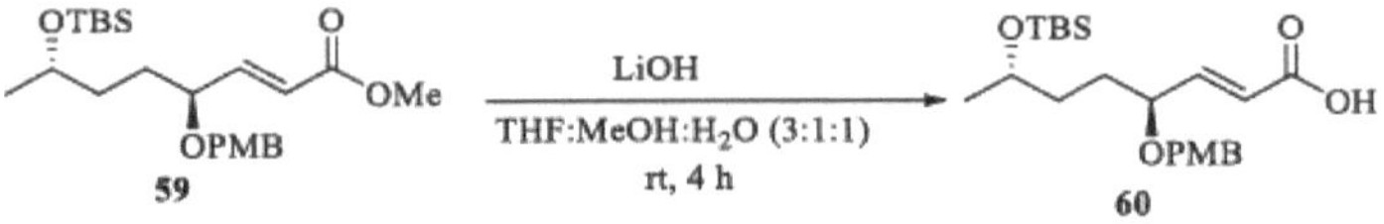

Além disso, o composto **60** foi submetido a dessililação com TBAF na presença de THF seco, dando então o correspondente ácido hidroxilado **48** com um rendimento de 8 2% (Esquema 2.11). ^{1}A RMN H do **48** mostrou a dispersão do sinal protónico do TBS, enquanto que os protões restantes foram observados nos valores de desvio químico apropriados, enquanto que o pico de ESIMS do **48** (M+Na)$^+$ apareceu a *m/z* 317, confirmando ainda mais o produto.

Esquema 2.11

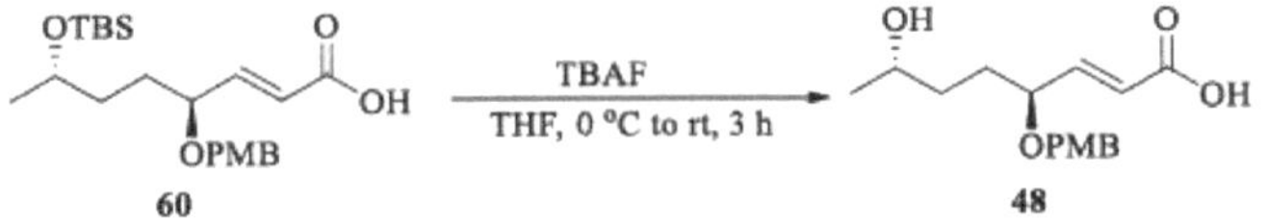

O ácido hidroxílico **48** resultante foi submetido ao protocolo de Gerlach, seguido das condições de Mitsunobu, e depois submetido a ciclodimerização.[19] Assim, uma solução razoavelmente diluída do ácido hidroxílico **48** em tolueno-THF (10:1) foi tratada com Ph3P e DEAD a - 25° C durante 10 h. A ciclodimerização teve lugar com inversão completa da quiralidade em C-4 para fornecer **61** em 59% de rendimento (Esquema 2.12).[1] H NMR de **61** **mostrou** que o deslocamento químico para baixo do campo do protão H-7 apareceu em S 5.09-4.96 ppm. Mas o protão H-7 no hidroxiácido **60** ressoa a S 4,07-3,89 como multipleto. Isto justifica a ciclodimerização de **48** e é evidente pelo deslocamento para baixo do campo de 0,9 ppm de **61**. Os restantes protões foram observados com os valores de deslocamento químico adequados. Enquanto o pico ESIMS de **61** (M+Na)$^+$ apareceu a *m/z* 575, confirmando ainda mais o produto.

Esquema 2.12

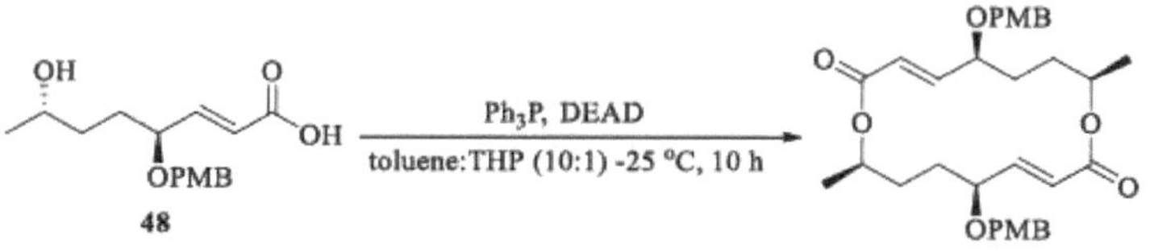

OH   O
    OPMB
48

Ph₃P, DEAD
toluene:THP (10:1) -25 °C, 10 h

OPMB
61

Por fim, a lactona **61 foi** submetida a desproteção oxidativa dos grupos PMB com uma razão de 19:1 de DDQ, obtendo-se o (-)-pirenoforol **47** com um rendimento de 81 % (Esquema 2.13). Os dados de RMN e de rotação ótica do **47** sintético estavam de acordo com o produto natural.[20] (Esquema 2.13) como um sólido branco, m.p. 137-139° C (lit. m.p. 135° C); [o.]D -4.1 (c 0.13, acetona) [lit [o.]D -3.0 (c 1.0, acetona)]. No HRMS de **47**, o pico (M+Na)+ foi observado a *m/z* 335.1487 [calculado para C16H24O6Na: 335.1479], o que confirmou ainda mais o produto.

Esquema 2.13

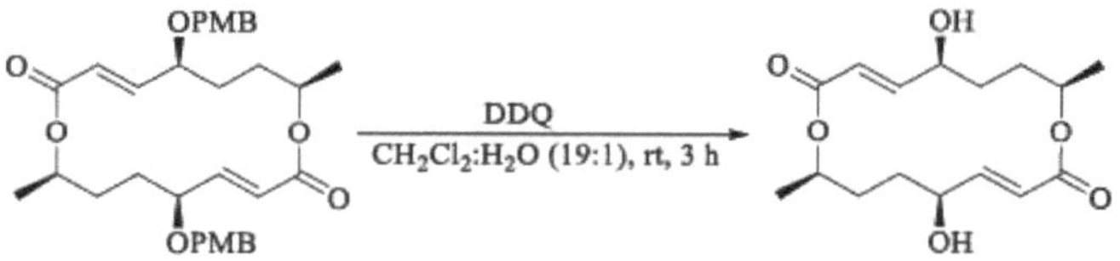

OPMB

61

DDQ
CH₂Cl₂:H₂O (19:1), rt, 3 h

OH

OH

47

2.3. Secção Experimental:

Todos os produtos químicos, sais, solventes e reagentes foram adquiridos aos laboratórios AVRA, Índia. As folhas de alumínio para TLC foram obtidas da Merck Pvt Ltd e foram utilizadas para conhecer o progresso da reação. Os espectros[1] H NMR &[13] C NMR foram registados num espetrómetro de 300 MHz. Os pontos de fusão foram registados em aparelhos fabricados localmente, que não foram corrigidos. O espetrómetro de massa TSQ Altis™ Triple Quadrupole, Thermo Scientific, foi utilizado para registar os espectros ESI-MS.

"(*S*)-*tert*.-Butil(hex-5-en-2-iloxi)dimetilsilano" (52):

O álcool alílico (6,8 mL, 82,55 mmol, 1,5 eq) é tratado com Mg (3,97 g, 165,5 mmol, 3,0 eq) e 30 mL de éter seco à temperatura ambiente e agitado durante um período de meia hora. A massa de reação foi levada para -78 °C com a ajuda de gelo seco. O composto **50** (4 mL, 55,17 mmol, 1,0 eq) foi dissolvido em 10 mL de éter seco e foi adicionado gota a gota à massa de reação. Esta massa de reação foi deixada a agitar à temperatura ambiente durante um período de 2h. A massa orgânica foi arrefecida com 10 mL de solução de cloreto de amónio e extraída com 100 mL de solvente éter (2 x 50 mL). As duas camadas orgânicas obtidas foram adicionadas e lavadas com 30 mL de solução de cloreto de sódio. Esta camada orgânica foi seca em sulfato de sódio seco e concentrada, dando origem ao álcool bruto **51** (5,0 g, 90%) como um líquido incolor. Este álcool bruto pode ser utilizado na reação seguinte. A combinação do álcool **51** (5,0 g, 50 mmol, 1,0 eq) e do imidazol (10,2 g, 150 mmol, 3,0 eq) foi solúvel em 100 mL de solvente DCM seco. Esta mistura foi reagida com TBSCl (8,29 g, 55 mmol, 1,1 eq) a 0° C sob atmosfera de N2 e deixada a agitar a 25° C durante 4h. A massa da reação foi arrefecida com 10 mL de solução de cloreto de amónio e extraída com 100 mL de solvente DCM (2 x 50 mL). As duas camadas orgânicas obtidas foram adicionadas e lavadas com 30 mL de solução de cloreto de sódio. Esta camada orgânica foi seca em sulfato de sódio seco e concentrada, dando origem a um produto em bruto que foi submetido a cromatografia em coluna de gel de sílica de 60-120 mesh com solvente n-hexano, dando origem a **52** (7,5 g, 70%) como um líquido incolor, [a]$_D^{25}$ -57,4 (c 0,76, CHCl3); "1HNMR (200 MHz, CDCl3): S 5,72 (m, 1H, olefínico), 4,89 (q, 2H, J = 17,3 , 3,7 Hz, olefínico), 3,76 (q, 1H, J =6,0 Hz, -CH), 2.02 (m, 2H, alilo -CH2), 1.44 (m, 2H, -CH2), 1.07 (d, 3H, J =6.0 Hz, -CH3), 0.84 (s, 9H, 3 x -CH3), 0.00 (s, 6H, 2 x -CH3);[13] C NMR (75 MHz, CDCl3):S 139,5, 114,2, 77,1, 32,0, 29,5, 26,2, 22,9, 14,2, -3,2; IR (puro): 2956, 2858, 1467, 1370, 1254, 1135, 1053, 997 cm^{-1} ; ESIMS: 237 (M+Na)$^+$ ".

QTBS

Estrutura do composto 52

"(S, E)-6-(terc.-butildimetilsililoxi)hept-2-enoato de etilo"(49):

O composto **52** (7,4 g, 34,57 mmol, 1,0 eq) foi solúvel em 70 mL de solvente DCM e a massa reacional foi levada a -78 °C. Além disso, o O3 foi passado através de borbulhamento para a massa de reação acima, até que a cor azul persistisse. O excesso de O3 foi removido utilizando 2 mL de sulfureto de dimetilo e deixou-se agitar a 0 °C durante um período de meia hora. A massa orgânica foi concentrada a baixa pressão e deu origem a um aldeído, que foi diretamente utilizado na etapa seguinte sem qualquer purificação.

O (etoxicarbonilmetileno)trifenilfosforano (18,1 g, 51,86 mmol, 1,5 eq) foi solúvel em 50 mL de benzeno e esta mistura foi adicionada ao aldeído acima mencionado, que já estava solúvel em 50 mL de benzeno. Esta massa reacional foi deixada a agitar à temperatura ambiente. Após um período de 2 horas, o solvente foi destilado sob pressão reduzida, obtendo-se o produto bruto. Posteriormente, foi purificado através de gel de sílica de malha 60-120 com 8% de EtOAc em solvente hexano, obtendo-se **49** (7,6 g, 76%) como um líquido incolor. [a]$_D^{25}$ -21,5 (c 1,66, CHCl3). "^{1} HNMR (300 MHz, CDCl3) : S 6.88 (m, 1H, olefínico), 5.70 (d, 1H, J = 6.7 Hz, olefínico), 4.10 (q, 2H,J = 6.7 Hz, -OCH2), 3.76 (m, 1H, -OCH), 2.20 (m, 2H, alilico -CH2), 1.50 (m, 2H, -CH2), 1,24 (t, 3H, J = 6,9 Hz, -CH3), 1,08 (d, 3H, J = 6,0 Hz, -CH3), 0,84 (s, 9H, 3 x -CH3), 0,01 (s, 6H, 2 x -CH3);[13] C RMN (75 MHz, CDCl3): S 163.9, 149.6, 120.9, 67.7, 51.5, 37.8, 28.4, 25.3, 25.2, 23.9, 19.2, 14.7, -4.4, -4.3; IR (puro): 2949, 1722, 1656, 1440, 1277, 1196, 1045, 844 cm^{-1} ; ESIMS: (M+Na)$^+$ 309".

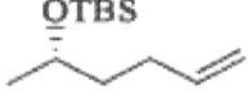

OTBS

Estrutura do composto 49

"(2R,3S,6S)-Etil-6-(terc-butildimetilsililoxi)-2,3-dihidroxiheptanoato" (53):

Uma mistura de ADmix-a (34,2 g, 24,47 mmol, 1,0 eq) foi solubilizada em 60 mL de t-BuOH/H2O na proporção 1:1 e deixada a agitar a 25° C durante um período de 15 minutos. A massa reacional foi levada a 0 °C e o éster **49** (7,0 g, 24,47 mmol, 1,0 eq) foi adicionado à massa orgânica acima referida. A massa reacional foi agitada a 0 °C durante 48 horas e arrefecida com 7,5 g de Na2SO3 a 0 °C durante meia hora. Esta massa orgânica foi levada para o solvente acetato de etilo por extração. As camadas orgânicas foram combinadas e secas sobre sulfato de sódio. A massa orgânica foi concentrada e o crude obtido foi purificado através de gel de sílica de 60-120 mesh com acetato de etilo 2:3 e hexano, obtendo-se o diol **53** (6.4 g, 82%) como um óleo incolor: [a]$_D^{25}$ +29,3 (c 1,18, CHCl3); "1H NMR (300 MHz, CDCh) S 4,18 (q, 2H,J = 7,1 Hz, -OCH2), 4,06 (m, 2H, 2 x -CH), 3.71 (m, 1H,-OCH), 3.09 (br s, 2H, -OH), 1.78-1.66 (m, 2H, -CH2), 1.51-1.39 (m, 2H, -CH2), 1.32 (t, 3H, J = 7.1 Hz -CH3),

31

1.11 (d, 3H, J = 6.4 Hz, -CH3), 0.84 (s, 9H, 3 x -CH3), 0.03 (s, 6H, 2 x -CH3);[13] C NMR (75 MHz, CDCl3) S 173.5, 75.1, 69.8, 68.1, 61.2, 36.6, 32.1, 26.1, 25.2, 18.8, 13.9, -4.9; IR (puro): 3384, 2930, 1066, 738, 698 cm^{-1} ; ESIMS: (M+Na) 343".

Estrutura do composto 53

"(4R,5S) 5-((S)-3-(terc-butildimetilsililoxi)butil)-2,2-dimetil-1,3-dioxolano 4-carboxilato de etilo" (54):

A uma solução arrefecida (0° C) de **53** (6,1 g, 19,06 mmol, 1,0 eq) em CH2Cl2 seco (50 mL), adicionou-se 2, 2-dimetoxi propano (2,8 mL, 22,87 mmol, 1,2 eq), PTSA (0,32 g, 1.9 mmol, 0,1 eq) foram adicionados e deixados em agitação durante 1 h. A massa orgânica foi neutralizada com Et3N (5 mL), extraída com CH2Cl2 (2 x 100 mL). As duas camadas orgânicas foram misturadas e deixadas a lavar com 50 ml de água e 25 ml de NaCl e também secas em sulfato de sódio seco. A massa reacional foi concentrada sob pressão reduzida e obteve-se o produto em bruto. Foi purificado através de silicagel de malha 60-120 através de cromatografia em coluna com mistura de EtOAc: hexano na proporção de 1: 5, em seguida, obter **54** (5,5 g, 81%) como um líquido amarelo. №25+56.5 (c 0.16, CHCl3); "1H NMR (300 MHz, CDCl3): 5 4,14 (q, 2H, J = 7,2 Hz, -OCH2), 4,01-3,89 (m, 2H, 2 x -CH), 3,82 (m, 1H, -OCH), 1,77-1,60 (m, 2H, - CH2), 1,55 (m, 2H, -CH2), 1,47 (s, 3H, -CH3), 1.44 (s, 3H, -CH3), 1.31 (t, 3H, J = 7.2 Hz, -CH3), 1.09 (d, 3H, J = 6.1 Hz, -CH3), 0.88 (s, 9H, 3 x -CH3), 0.06 (s, 6H, 2 x -CH3);[13] C NMR (75 MHz, CDCl3): 5 172.2, 113.6, 74.6, 74.2, 66.1, 62.2, 36.2, 28.7, 25.8, 24.6, 23.2, 18.8, 13.6, -4.2; IR (puro): 2928, 2857, 1612, 1435, 1274, 1078, 699 cm^{-1} ; ESIMS: (M+Na) 383".

Estrutura do composto 54

"((4S,5S)-5-((S)-3-(terc-Butildimetilsililoxi)butil)-2,2-dimetil-1,3-dioxolan-4-il) metanol" **(55):**

O éster **54** (5,4 g, 14,91 mmol, 1,0 eq) foi solúvel em 30 mL de solvente DCM seco e foi deixado a agitar. A massa de reação foi levada a -78 °C. O DIBAL-H (21,2 mL, 29,83 mmol, 2,0 eq) foi solúvel em tolueno a 20%. Esta mistura foi adicionada à massa de reação do éster a -78 °C e deixada a agitar a -78 °C durante um período de 2 horas. Agora, a massa reacional foi arrefecida com uma pequena quantidade de metanol e 5 mL de tartarato de sódio e potássio aquoso. A massa reacional foi filtrada através de celite e seca com sulfato de sódio seco. A massa orgânica foi destilada e obteve-se o crude. Este bruto foi purificado através de cromatografia em coluna de gel de sílica de 60-120 mesh com uma mistura de acetato de etilo e hexano na proporção de 3:7, obtendo-se **55** (3,9 g, 83%) como um líquido incolor. [a]D +130,6 (c 1,07, CHCl3); "1 HNMR (300 MHz, CDCl3): 5 4.17-3.99 (m, 2H, -OCH2), 3. 91-3.79 (m, 2H, 2 x -CH), 3.78 (m, 1H, -OCH), 1.73-1.62 (m, 2H, -CH2), 1.58 (m, 2H, -CH2), 1.41 (s, 3H, -CH3), 1.38 (s, 3H, -CH3), 1.01 (d, 3H, J = 6.1 Hz, -CH3), 0.89 (s, 9H, 3 x - CH3), 0.06 (s, 6H, 2 x -CH3);[13] C NMR (75 MHz, CDCl3): 5 112.4, 79.2, 75.8, 66.2, 36.2, 28.4, 26.3, 25.2, 24.3, 18.3, -4.6;IR (puro): 3363, 2926, 2856, 1496, 1443 cm^{-1} ; ESIMS: 341 (M+Na)".

Estrutura do composto 55

"(*3S,6S*)-6-(terc-Butildimetilsililoxi)hept-1-en-3-ol" (57):

A uma mistura agitada de álcool **55** (3,8 g, 11,87 mmol, 1,0 eq) em THF seco (50 mL), foram adicionados imidazol (1,21 g, 17,80 mmol, 1,5 eq), Ph3P (3,73 g, 14,22 mmol, 1,2 eq) e iodo (3,0 g, 11,87 mmol, 1,0 eq) a 0° C. A reação foi bem sucedida após 1 h. A massa reacional foi neutralizada com 10 mL de solução aq. de bicarbonato de sódio e extraída com 100 mL de acetato de etilo a 10% em hexano (2 x 50 mL). As duas camadas orgânicas foram combinadas, lavadas com 50 mL de água, 25 mL de solução de NaCl e secas com sulfato de sódio. Os solventes orgânicos foram destilados sob pressão reduzida, obtendo-se o produto em bruto. Este foi purificado através de gel de sílica de 60-120 mesh com 10% de EtOAc em éter de petróleo. Éter, obtendo-se **56** (3,3 g, 66%) como um líquido de cor amarela.

O derivado iodo **56** (3,3 g, 7,83 mmol, 1,0 eq) era solúvel em 30 mL de éter seco. Reagiu-se rapidamente com pedaços de Na metálico (0,72 g, 31,32 mmol, 4,0 eq) e deixou-se agitar a 25° C durante 12 h. Esta mistura foi temperada com algumas gotas de metanol e extraída com 100 mL de solvente acetato de etilo (2 x 50 mL). As duas camadas orgânicas são misturadas uma com a outra e deixadas para 20 mL de lavagem com água, 20 mL de lavagem com NaCl seguida de secagem em sal de sulfato de sódio. A massa orgânica é concentrada sob pressão reduzida e obtém-se o produto bruto. Este bruto é purificado através de cromatografia em coluna de gel de sílica de 60-120 mesh com 8 % de EtOAc em éter de petróleo. Éter, obtém-se **57** (1,5 g, 77%) como um óleo incolor. [a]$_D^{25}$ +75,9 (*c* 0,18, CHCl3); "1HNMR (300 MHz, CDCh):5 5,89 (m, 1H, olefínico), 5,09 (m, 2H, olefínico), 4,02 (m, 1H, -OCH), 3,83 (m, 1H, -OCH), 1.60-1,34 (m, 4H, 2 x -CH2), 1,09 (d, 3H, *J* = 5,4 Hz, -CH3), 0,88 (s, 9H, 3 x -CH3), 0,01 (s, 6H, 2 x -CH3);[13] C RMN (75 MHz, CDCl3): 5141.5, 114.3, 73.3, 68.7, 35.4, 32.7, 26.0, 23.7, 18.0, -4.9, -4.8; IR (puro): 3386, 2956, 2857, 1498, 1373, 1253, 1134, 1048, 833 cm^{-1} ; ESIMS: 267 (M+Na)".

Estrutura do composto 57

"*tert.*-Butil((*2R,5R*)-5-(4-metoxibenziloxi)hept-6-en-2-iloxi)dimetilsilano" (58):

O composto **57** (1,4 g, 5,73 mmol, 1,0 eq) foi solúvel em 20 mL de THF seco e arrefeceu-se a massa de reação a 0° C. A este composto foi adicionado NaH (0,41 g, 17,21 mmol, 3,0 eq) e deixou-se agitar durante meia hora. O PMBBr (1,25 g, 6,30 mmol) foi dissolvido em 15 mL de THF seco e foi adicionado à massa de reação acima referida. Deixou-se agitar à temperatura ambiente durante um período de 7,5 horas. A massa reacional foi arrefecida com 10 mL de solução de cloreto de amónio e extraída com 100 mL de solvente de acetato de etilo (2 x 50 mL). As duas camadas orgânicas foram combinadas e deixadas a lavar com 20 mL de água, 10 mL de salmoura e, em seguida, secas em sulfato de sódio. A massa orgânica foi concentrada sob pressão e deu origem a um produto bruto. Este foi purificado através de cromatografia em coluna de gel de sílica de 60-120 mesh com 5% de EtOAc em éter de petróleo. Éter, obtém-se **58** (1,75 g, 85%) como um líquido amarelo. [a]D25 +28,6 (*c* 1,2, CHCl3); "1HNMR (300 MHz, CDCl3): 5 7.19 (d, 2H, *J* = 8.6 Hz, ArH-PMB), 6.83 (d, 2H, *J* = 8.6

Hz, ArH-PMB), 5.84 (m, 1H, olefínico), 5.19 (m, 2H, olefínico), 4.50, 4.28 (2d, 2H, J = 11.4 Hz, -OCH2 Ar), 3.78 (m, 1H, -OCH), 3.66 (s, 3H, - OCH3), 3.62 (m, 1H, -OCH), 1.61-1.28 (m, 4H, 2 x -CH2), 1.14 (d, 3H, J = 6.0 Hz, - CH3), 0.81 (s, 9H, 3 x -CH3), 0.03 (s, 6H, 2 x -CH3);[13] C NMR (75 MHz, CDCl3): 5 149,3, 131,1, 128,2, 128,8, 127,6, 121,0, 72,7, 57,8, 55,3, 35,8, 30,2, 24,9, 23,8, 22,4, - 4,3; IR (puro): 2932, 2863, 1739, 1456, 1268, 1108 cm^{-1} ; ESIMS: 387 (M+Na)".

OTBS

OPMB

Estrutura do composto 58

"(4R,7R,E)-Metil-7-(terc.-butildimetilsililoxi)-4-(4-metoxibenziloxi)oct-2- enoato" (59):

O composto **58** (1,95 g, 5,35 mmol, 1,0 eq) foi solúvel em 30 mL de solvente DCM. A este composto foi adicionado 5 mol % do catalisador de Grubbs II (0,22 g, 0,26 mmol, 0,05 eq) sob atmosfera inerte de azoto gasoso e a massa reacional foi deixada refluir. O acrilato de etilo (2,4 g, 21,41 mmol) foi solúvel em 8 mL de solvente DCM desoxigenado seco e adicionou-se esta mistura à massa reacional refluxada acima. A condição de refluxo continuou por mais 2h. Agora, a massa reacional foi levada para 25° C, foi temperada com 0,64 mL de DMSO (9,0 mmol) e a agitação foi continuada durante a noite. Os voláteis orgânicos foram destilados a baixa pressão e o crude obtido foi purificado através de cromatografias em coluna de gel de sílica de 60-120 mesh com 5% de EtOAc em éter de petróleo. Éter, obtém-se **59** (1,55 g, 69%) como um líquido amarelo. $[a]_D^{25}$ +46,6 (*c* 1,7, CHCl3); "1H NMR (CDCl3, 300 MHz): S 7,20(d, 2H, J = 8,1 Hz, ArH-PMB), 6,89 (d, 2H, J = 8,1 Hz, ArH-PMB), 6,64 (dd, 1H, J = 6,3, 15,6 Hz, olefínico), 5.78 (d, 1H, J = 15.6 Hz, olefínico), 4.41 (d, 1H, J = 11.7 Hz, benzílico), 4.36 (d, 1H, J = 11.7 Hz, benzílico), 3.81 (m, 1H, -OCH), 3.68 (s, 3H, OCH3), 3.59 (s, 3H, OCH3), 3.49 (m, 1H, -OCH), 1.68-1.39 (br m, 4H, 2 x -CH2), 1.17 (d, 6H, J = 6.1 Hz, -CH3), 0.81 (s, 9H, 3 x -CH3), 0.04 (s, 6H, 2 x -CH3);[13] C NMR (CDCl3,75 MHz): 5 167.2, 158.6, 145.6, 128.1, 123.2, 116.8, 113.3, 79.8, 72.2, 66.6, 53.1, 51.8, 35.8, 30.3, 25.6, 23.3, 18.4, -4.7; IR (puro): 2938, 1729, 1608, 1512, 1451, 1379, 1164, 1038 cm^{-1} ; ESIMS: 459 (M+Na)".

OTBS   O

OEt

OPMB

Estrutura do composto 59

"(4R,7R,E)-7-(tert.-Butildimetilsililoxi)-4-(4-metoxibenziloxi)oct-2-enoicácido" (60):

O composto **59** (1,4 g, 3,31 mmol, 1,0 eq) foi solúvel em 10 mL de uma mistura de THF:MeOH:água na proporção de 3:1:1. A este, adicionou-se LiOH (0,24 g, 9,95 mmol) e deixou-se agitar a 25° C durante um período de 4 h. O P^H da massa reacional foi acidificado com HCl 1N e extraído com 20 mL de acetato de etilo. Agora, as camadas orgânicas são combinadas e lavadas com 10 mL de água, seguidas de lavagem com 10 mL de solução de salmoura. Secou-se sobre sulfato de sódio e destilou-se sob baixa pressão, obtendo-se um sólido bruto. Este foi purificado através de cromatografia em coluna de gel de sílica de 60-120 mesh com 35% de EtOAc em éter de petróleo. Éter, obtém-se **60** (1,06 g, 79%) como óleo incolor, $[a]_D^{25}$ +12,6 (*c* 0,9, CHCl3); "1 H RMN (CDCl3, 300 MHz): S 7,20(d, 2H, J = 8,0 Hz,

34

ArH-PMB), 6,86 (dd, 1H, J = 6,2, 15,7 Hz, olefínico), 6,83 (d, 2H, J = 8,0 Hz, ArH-PMB), 5,71 (d, 1H, J = 15,7 Hz, olefínico), 4,41 (d, 1H, J = 11,5 Hz, benzílico), 4,27 (d, 1H, J = 11.5 Hz, benzílico), 3,83 (m, 1H, -OCH), 3,67 (s, 3H, OCH3), 3,47 (m, 1H, -OCH), 1,67-1,52 (m, 2H, -CH2), 1.49 (m, 2H, -CH2), 1.07 (d, 6H, J = 6.1 Hz, -CH3), 0.81 (s, 9H, 3 x -CH3), 0.06 (s, 6H, 2 x -CH3);[13] C NMR (75 MHz, CDCh): 5 170.1, 158.4, 149.1, 130.3, 127.9, 117.6, 114.0, 76.1, 73.2, 66.2, 55.7, 38.2, 30.3, 26.3, 24.2, 17.5, -4.3; IR (puro): 3442, 3033, 2930, 2857, 1710, 1097 cm^{-1} ; ESIMS: 431 (M+Na)".

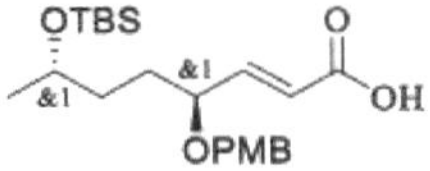

OTBS   O
&1 &1   OH
&1
OPMB

Estrutura do composto 60 "Ácido (*4R,7R,E*)-7-hidroxi-4-(4-metoxibenziloxi)oct-2-enóico" (48):

O composto **60** (1,24 g, 3,09 mmol, 1,0 eq) foi solubilizado em 15 mL de THF seco e arrefecido a 0° C. O TBAF (4,69 mL, 4,555 mmol, 1,5 eq) foi adicionado à solução acima sob condições atmosféricas de azoto inerte e deixou-se agitar durante 3h. No final da reação, a massa reacional foi diluída com 5 mL de água e extraída com 80 mL de acetato de etilo (2 x 40 mL). As duas camadas orgânicas foram combinadas e lavadas com 20 mL de água, seguido de lavagem com 10 mL de salmoura. A massa orgânica foi completamente seca em sulfato de sódio e concentrada sob pressão reduzida, dando origem a um sólido bruto. Este crude foi purificado através de cromatografia em coluna de gel de sílica de 60-120 mesh com 55 % de EtOAc em éter de petróleo. Éter, obtendo-se **48** (0,89 g, 82%) como um líquido. [a]$_D^{25}$ +35,0 (*c 1,6,* CHCl3); "1H NMR (CDCh,300 MHz): S 7,17(d, 2H, J = 8,2 Hz, ArH-PMB), 6,88 (dd, 1H, J = 6,1, 15,8 Hz, olefínico), 6,84 (d, 2H, J = 8,2 Hz, ArH-PMB), 5.70 (d, 1H, J = 15.8 Hz, olefínico), 4.39 (d, 1H, J = 11.5 Hz, benzílico), 4.26 (d, 1H, J = 11.5 Hz, benzílico), 4.07-3.89 (m, 1H, -OCH), 3.72 (m, 1H, -OCH), 3.66 (s, 3H, OCH3), 1.67-1.49 (m, 2H, -CH2), 1.47-1.36 (m, 2H, -CH2), 1.07 (d, 6H, J = 6.0 Hz, - CH3), 0.81 (s, 9H, 3 x -CH3), 0.01 (s, 6H, 2 x -CH3);[13] C NMR (CDCl3,150 MHz): 5 172.3, 158.1, 146.4, 132.6, 128.1, 119.1, 112.8, 78.9, 70.3, 68.6, 56.2, 34.9, 29.8, 23.6; IR (puro): 3451, 2929, 2857, 2102, 1722, 1612, 1514, 1360, 1041, 777 cm^{-1} ; ESIMS: 317 (M+Na)".

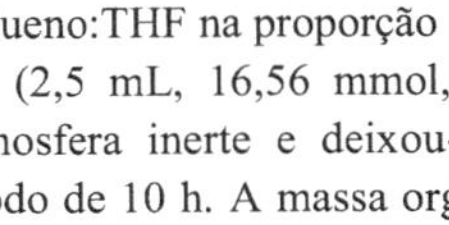

OH   O
&1 &1   OH
&1
OPMB

Estrutura do composto 48 "(*3E,5R,8S,11E,13R,16S*)-5,13-Bis(4-metoxibenziloxi)-8,16-dimetil-1,9-dioxaciclo-hexadeca-3,11-dieno-2,10-diona" (61):

O composto **48** (0,61 g, 2,07 mmol, 1,0 eq) e o Ph3P (1,62 g, 6,22 mmol, 3,0 eq) foram solúveis em 300 mL de sistema solvente tolueno:THF na proporção 10:1. A massa de reação foi levada para -20 °C. O reagente DEAD (2,5 mL, 16,56 mmol, 8,0 eq) foi adicionado à massa reacional acima referida sob atmosfera inerte e deixou-se a massa reacional agitar sob atmosfera de N2 durante um período de 10 h. A massa orgânica foi concentrada sob pressão reduzida e deu origem ao produto em bruto. Este produto bruto foi purificado através de cromatografias em coluna de gel de sílica de 60-120 mesh com 10% de EtOAc em éter de petróleo. Éter, obtendo-se **61** (0,32 g, 57%) como um óleo incolor. [a]$_D^{25}$ +18,6 (*c* 1,6, CHCl3); "1H NMR (CDCl3, 300 MHz): S 7,17(d, 4H, J = 8,2 Hz, ArH-PMB), 6,80 (d, 4H, J = 8,2 Hz, ArH-PMB), 6,62 (dd, 2H, J = 15,9, 5,3 Hz, olefínico), 5,81 (d, 2H, J = 15,9 Hz, olefínico),

35

5,09-4,96 (m, 2H, 2 x - OCH), 4,33 (d, 2H, J = 11.5 Hz, benzílico), 4.21 (d, 2H, J = 11.5 Hz, benzílico), 4.14 (m, 2H, 2 x -OCH), 3.69 (s, 3H, 2 x -OCH3) 1.98-1.81 (m, 4H, 2 x -CH2), 1.81-1.68 (m, 4H, 2 x -CH2), 1.28 (d, 6H, J = 6.4 Hz, 2 x -CH3);[13] C RMN (75 MHz, CDCl3): 166.2, 158.3, 145.2, 129.1, 128.8, 120.2, 113.2, 79.8, 72.2, 66.5, 55.4, 39.3, 28.2, 21.3; IR (puro): 3068, 2932, 2859, 1722, 1608, 1527, 1462, 1427, 1273, 1105, 918, 702 cm^{-1} ; ESIMS: 575 (M+Na)".

Estrutura do composto 61

Pirenoforol (47):

A uma solução de **61** (131 mg, 0,23 mmol, 1,0 eq) em aq. CH2Cl2 (2 mL, 19:1), adicionou-se DDQ (81 mg, 0,35 mmol, 1,5 eq) e agitou-se a 25° C durante 3 h. A massa reacional foi temperada com 1 mL de solução sat. NaHCO3 e filtrada, seguida de lavagem com 10 mL de solvente DCM. Este filtrado foi lavado com 3 mL de água, 3 mL de salmoura e seco em sulfato de sódio seco. A massa orgânica foi concentrada sob pressão reduzida e deu origem a um sólido bruto. O crude foi purificado por cromatografia em coluna (gel de sílica 60-120, 20% EtOAc em éter pet.) para obter **47** (61 mg, 83%) como um sólido branco. m.p.: 137-138° C; lit. m.p. 135° C; [a]D^{25} -4.1 (*c* 1.13, acetona); lit. [O.]D -3,0 (c 1,0, acetona);"[1] H NMR (CDCl3, 300 MHz): S 6.82 (dd, 2H, J = 15.6, 5.3 Hz, olefínico), 5.87 (dd, 2H, J = 15.6, 2.4 Hz, olefínico), 5.13-4.97 (m, 2H, 2 x -OCH), 4.22-4.19 (m, 2H, 2 x -OCH), 2.31 (br. s, 2H, 2 x -OH), 2.03-1.97 (m, 4H, 2 x -CH2), 1.78-1.58 (m, 4H, 2 x -CH2), 1.21 (d, 6H, J = 6.2 Hz, 2 x -CH3);[13] C NMR (75 MHz, CDCl3): S 167,5, 143,3, 121,3, 74,1, 68,1, 31,3, 29,1, 19,3; IR (puro): 3442, 2922, 2853, 1721, 1630, 1126, 835 cm^{-1} ; ESIMS: 313 (M+H)$^{+}$ ".

Estrutura do composto 47

2.4. Conclusão: Em conclusão, foi conseguida a síntese total do (-)-pirenoforol com elevada enantiosselectividade, na qual os estereocentros foram obtidos por "resolução cinética hidrolítica de Jacobsen, di-hidroxilação assimétrica de Sharpless e ciclização por ciclização intermolecular de Mitsunobu".

2.5. Referências

1. Kis Z, Furger P, e Sigg H. *Experientia,* **1969**, *25,* 123-124.
2. Grove JF. *J. Chem. Soc. C.* **1971,** 2261-2263.
3. Kind R, Zeeck A, Grabley S, Thiericke R, e Zerlin M. *J. Nat. Prod.,* **1996,** *59,* 539-540.
4. Kastanias MA, e Chrysayi-Tokousbalides M. *Pest. Manage. Sci.,* **2000,** *56,* 227-232.
5. Ghisalberti EL, Hargreaves JR, Skelton BW, e White AH. *Aust. J. Chem.,* **2002,** *55,* 233-236.

6. Krohn K, Farooq U, Florke U, Schulz B, Draeger S, Pescitelli G, Salvadori P, Antus S, e Kurtan T. *Eur. J. Org. Chem.*, **2007**, 3206-3211.

7. Nozoe S, Hira K, Tsuda K, Ishibashi K, e Grove JF. *Tetrahedron Lett.*, **1965**, *6*, 4675-4677.

8. Findlay JA, Li G, Miller JD, e Womiloju TO. *Can. J. Chem.*, **2003**, *81*, 284292.

9. Grove JF. *J. Chem. Soc. C*, **1971**, 2261-2263.

10. Powell J, e Whalley WB. *J. Chem. Soc. C*, **1969**, 911-912.

11. MacMillan J, e Pryce RJ. *Tetrahedron Lett.*, **1968**, *9*, 5497-5500.

12. MacMillan J, e Simpson TJ. *J. Chem. Soc. Perkin Trans. 1*, **1973**, 1487-1493.

13. Ronald RC, e Gurusiddaiah S. *Tetrahedron Lett.*, **1980**, *21*, 681-684.

14. Christner C, Kullertz G, Fischer G, Zerlin M, Grabley S, Thiericke R, Taddei A, e Zeeck A. *J. Antibiot.*, **1998**, *51*, 368-371.

15. Oh H-S, e Kang H-Y. *Bull. Korean Chem. Soc.*, **2011**, *32*, 2869-2870.

16. Tokunaga M, Larrow JF, Kakiuchi F, e Jacobsen EN. *Science*, **1997**, *277*, 936938.

17. Louis JT, e Nelson WL. *J. Org. Chem.*, **1987**, *52*, 1309-1315.

18. Kolb HC, VanNiewenhze MS, e Sharpless KB. *Chem. Rev.*, **1994**, *94*, 24832547.

19. Gerlach H, Gertle K, e Thahnann A. *Helv. Chim. Ata*, **1977**, *60*, 2860-2865.

20. Murthy IS, Sreenivasulu R, Alluraiah G, e Raju RR. *Lett. Org. Chem.*, **2014**, *11*, 327-332.

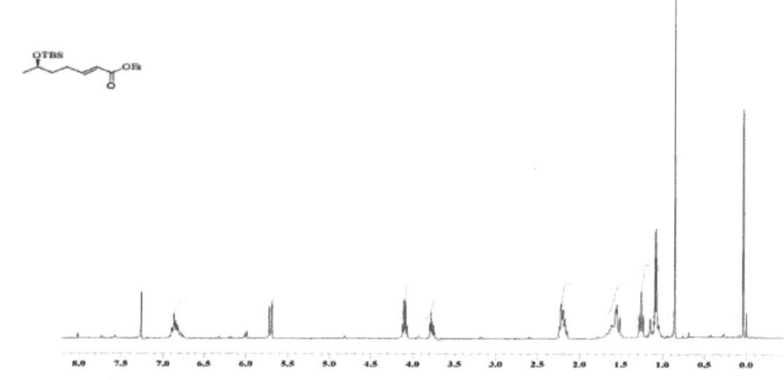

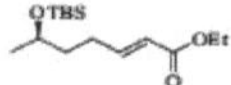

¹Espectro de RMN de H do composto 49 em CDCl3(300 MHz)

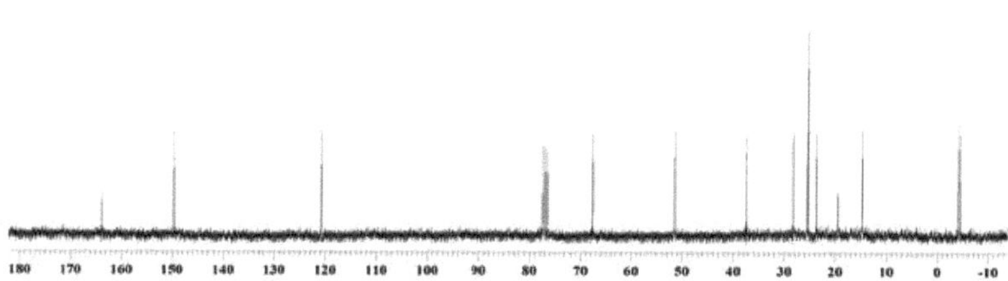

¹³Espectro de RMN de C do composto 49 em CDCl3 (75 MHz)

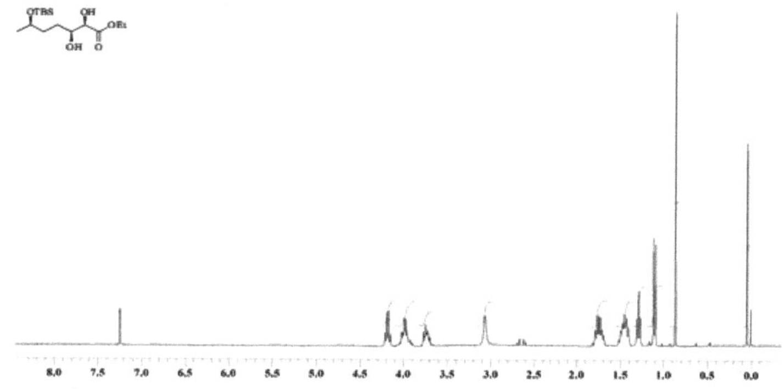

¹Espectro de RMN de H do composto 53 em CDCl3(300 MHz)

38

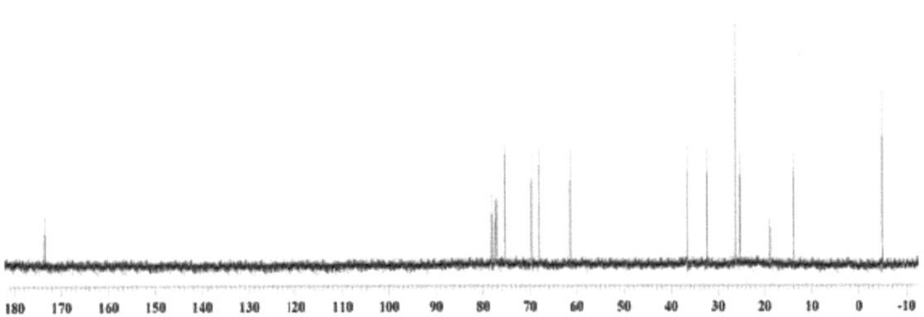

Espectro de RMN de 13C do composto 53 em CDCl3 (75 MHz)

Espectro de RMN de 1 H do composto 54 em CDCl3 (300 MHz)

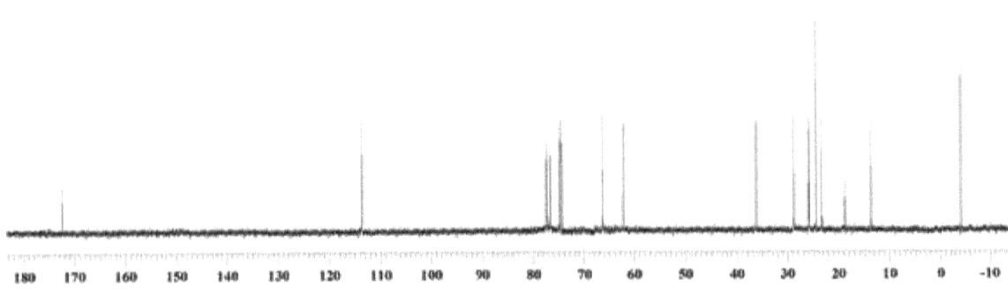

Espectro de RMN de 13 C do composto 54 em CDCl3 (75 MHz)

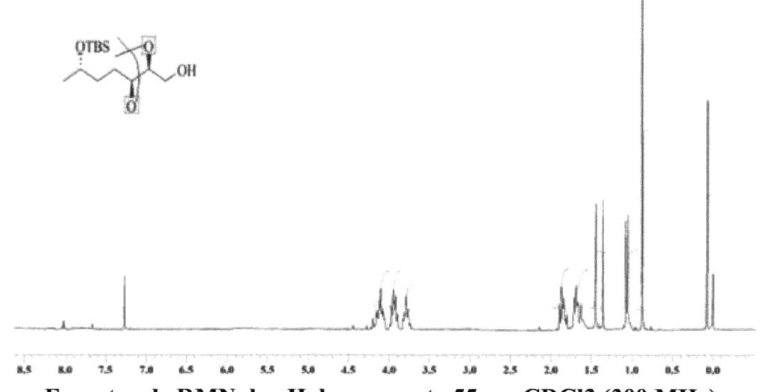

Espectro de RMN de 1 H do composto 55 em CDCl3 (300 MHz)

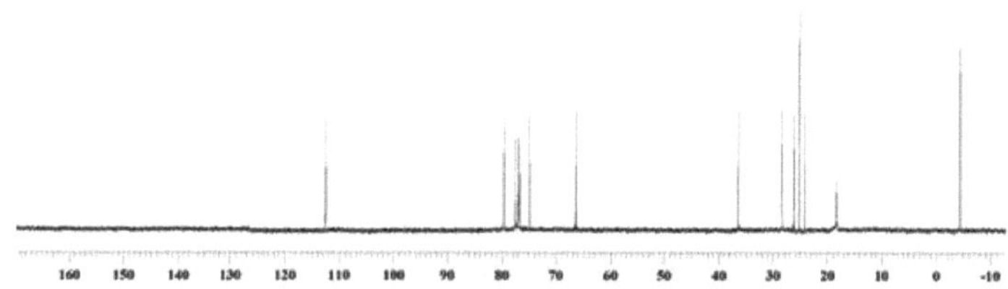

Espectro de RMN de 13 C do composto 55 em CDCl3 (75 MHz)

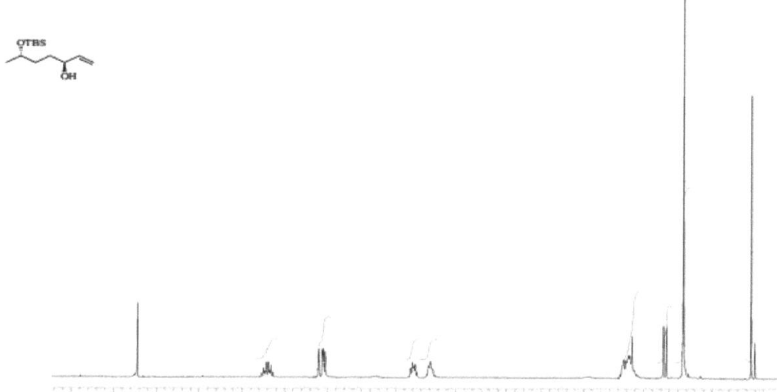

Espectro de RMN de 1 H do composto 57 em CDCl3 (300 MHz)

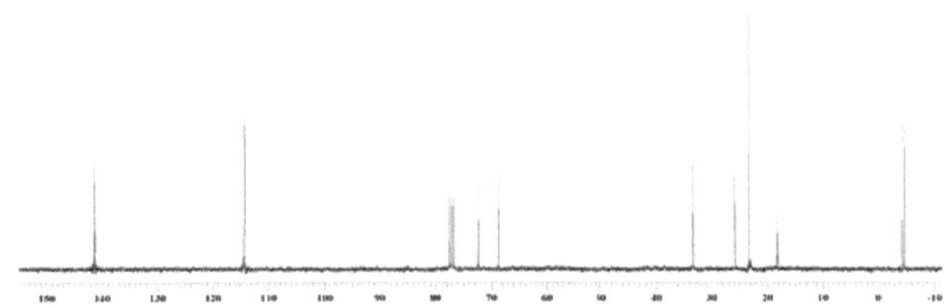

Espectro de RMN de 13 C do composto 57 em CDCl3 (75 MHz)

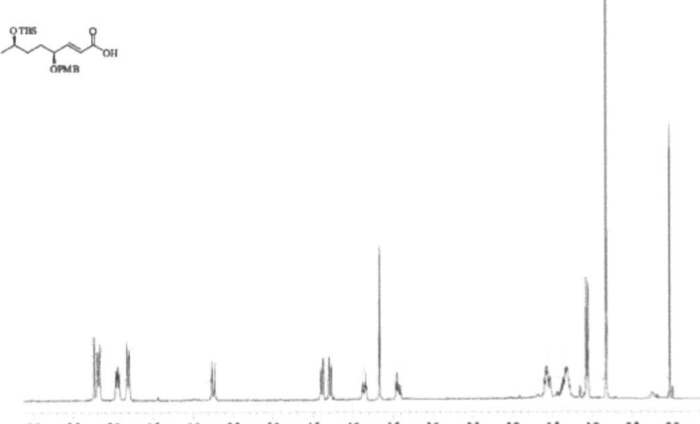

Espectro de RMN de 1 H do composto 60 em CDCl3 (300 MHz)

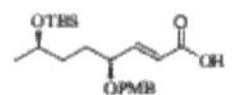

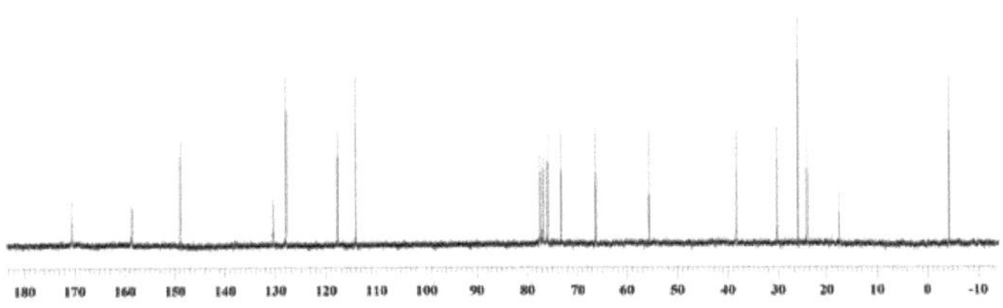

Espectro de RMN de 13 C do composto 60 em CDCl3 (75 MHz)

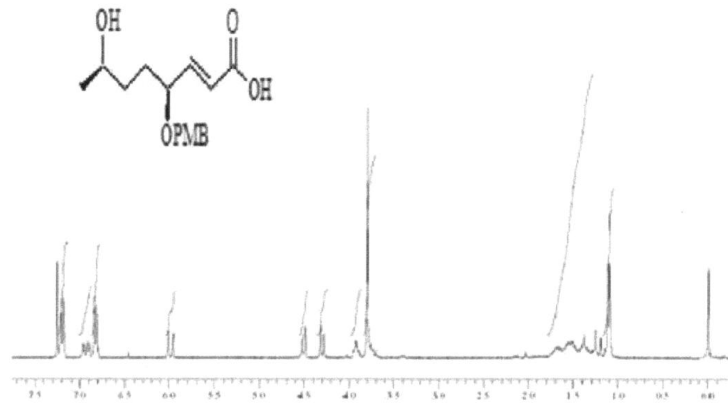

Espectro de RMN de ₁H do composto 48 em CDCl3 (300 MHz)

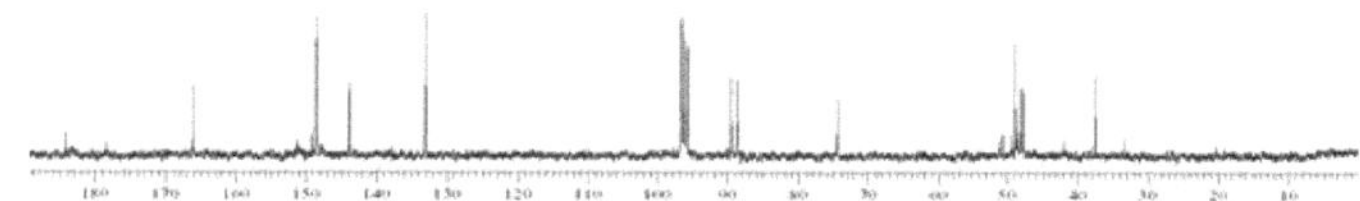

Espectro de RMN de ₁₃C do composto 48 em CDCl3 (75 MHz)

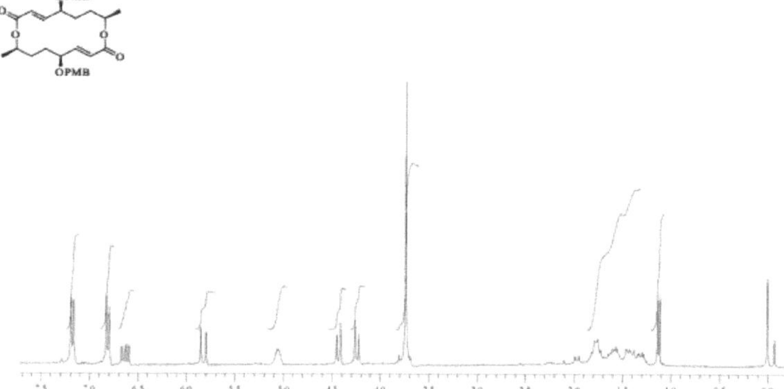

Espectro de RMN de ₁H do composto 61 em CDCl3 (300 MHz)

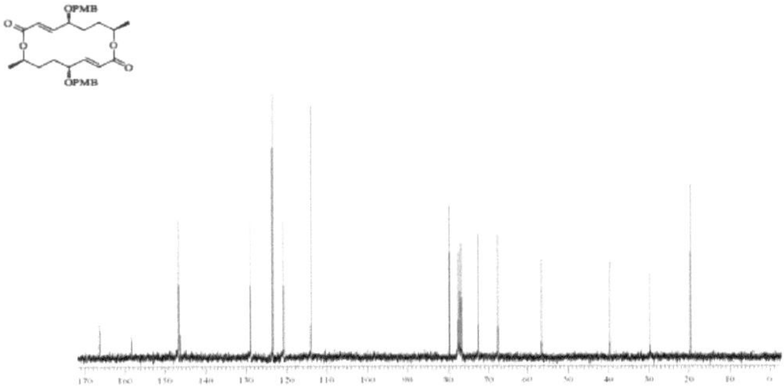

Espectro de RMN de 13 C do composto 61 em CDCl3 (75 MHz)

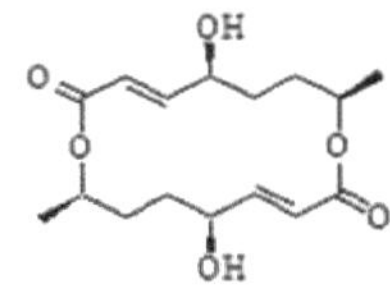

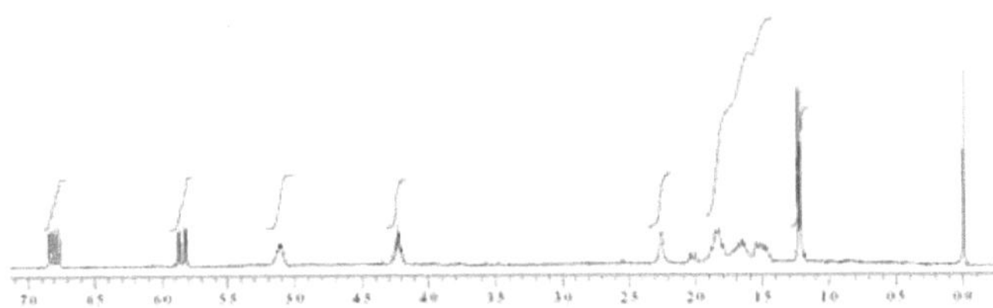

Espectro de RMN de 1 H do composto 47 em CDCl3 (300 MHz)

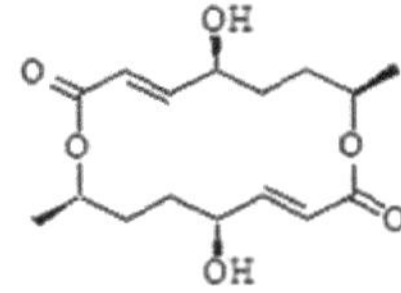

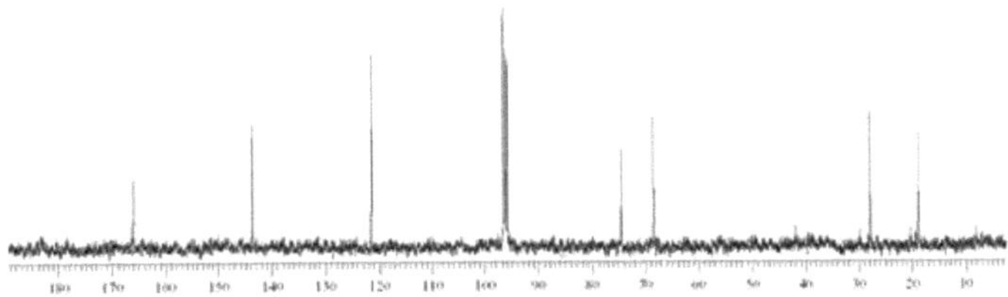

Espectro de RMN de 13 C do composto 47 em CDCl3 (75 MHz)

3.1. Introdução

O cancro é uma doença terrível que se espalha por todo o mundo e foi considerada a segunda principal causa de morte, a seguir às doenças cardíacas.[1] Os factores que desencadeiam o cancro são as doenças genéticas, as radiações, os poluentes ambientais, o stress e a exposição ao rádon.[2,3] A quimioterapia é uma das opções de tratamento fiáveis para o cancro.

A tubulina é uma proteína que se polimeriza em microtúbulos e está classificada em duas categorias: heterodímeros de a e в-tubulina. Os microtúbulos, por sua vez, desempenham um papel fundamental nas funções celulares, como o transporte intracelular, a motilidade, a separação dos cromossomas durante a mitose e a manutenção da forma da célula.[5,6] Os fármacos quimioterapêuticos que têm como alvo a tubulina e inibem a polimerização da tubulina interferem com a proliferação e o crescimento celular e, por conseguinte, são agentes anticancerígenos promissores.[4]

Ao longo dos anos, os compostos heterocíclicos têm ocupado um lugar único na química orgânica medicinal devido às suas potentes actividades anticancerígenas. Entre eles, o benzimidazol é um dos mais importantes e melhores heterociclos fundidos à base de azoto, que foi sintetizado pela primeira vez por Hoebrecker *et al.*[7,8] Os andaimes de benzimidazol estão presentes em vários compostos sintéticos e naturais de importância biológica.[9,10] Os compostos que contêm o esqueleto de benzimidazol apresentam um amplo espetro de actividades biológicas, como antitumoral,[11] antimicrobiano,[12] agentes anti-citomegalovírus humano (HCMV),[13] antiúlcera,[14] anticoagulante,[15] anti-helmíntico,[16] anti-inflamatório,[17] anti-VIH,[18] inibidores da Topoisomerase-I do ADN,[19] e antifúngico[20] .

Song et al. relataram a síntese de derivados de 2-bromo-5,6-dicloro-1-(^-D-ribofuranosil) benzimidazol e analisaram a sua afinidade para hPEPT1, um transportador intestinal de oligopeptídeos. Entre eles, o pró-fármaco "(5-(2-bromo-5,6-dicloro-1H-benzo[d] imidazol-1-il)-3,4-dihidroxitetrahidrofuran-2-il)metil(2S)-2-amino-3-(4-etoxiphe nil)propanoato" **62** **(Figura 3.1)** mostrou a inibição da captação de [^{3} H]Gly-Sar em células HeLa/ hPEPTl com um valor IC50 de 96±0,7 gM, respetivamente.[16]

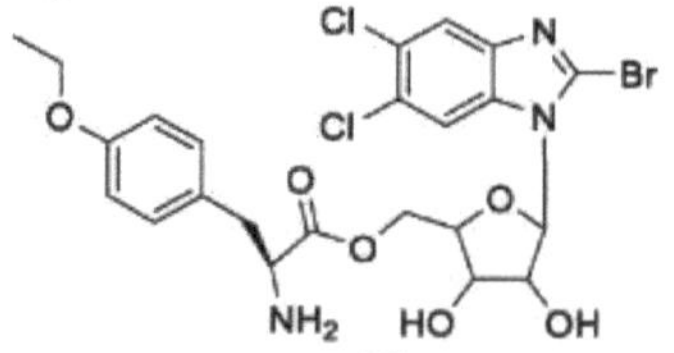

Figura 3.1: Estrutura do "(5-(2-bromo-5,6-dicloro-1H-benzo[d]imidazol-1-il)-3,4-dihidroxitetrahidrofurano-2-il)metil(2S)-2-amino-3-(4-etoxifenil)propanoato"

Kumar et al. relataram a síntese de uma nova série de derivados de 2-(6-fluorocroman-2-il)-1-alquil/acil/aroil-1H-benzimidazol e avaliaram a sua atividade antibacteriana contra *Salmonella typhimurium.* Todos estes derivados sintetizados mostraram uma fraca atividade contra *S. aureus.*[17]

El-masry et al. relataram a síntese de uma nova série de derivados de benzimidazol e avaliaram as suas actividades antimicrobianas contra *Bacillus cereus, Escherichia coli, Saccharomyces cerevisae* e *Aspergillus niger.* Entre eles, verificou-se que o composto "5-(2-(2-metil-1H-benzo[d]imidazol-1-il)etil)-1,3,4-oxadiazol-2-tiol" **63 (Figura 3.2)** era altamente ativo contra *Bacillus cereus*, mas ligeiramente ativo contra *Escherichia coli*.[18]

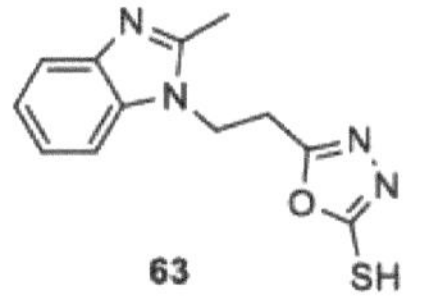

Figura 3.2: Estrutura do "5-(2-(2-metil-1H-benzo[d]imidazol-1-il)etil)-1,3,4-oxadiaz ole-2-tiol"

Appani et al. relataram a síntese de uma nova série de derivados de benzimidazol e avaliaram a sua atividade anti-inflamatória utilizando o método do edema da pata induzido por carragenina. Entre eles, o composto "2,2'-bis(4-nitrofenil)-1H,1'H-5,5'-bibenzo[d]imi dazole" **64 (Figura 3.3)** apresentou propriedades anti-inflamatórias superiores às dos derivados correspondentes, com uma percentagem de inibição de 61,87 %.[19]

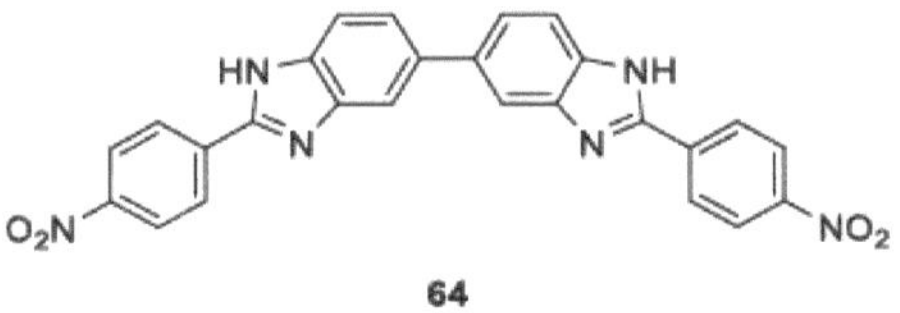

Figura 3.3: Estrutura do "2,2'-bis(4-nitrofenil)-1H,1'H-5,5'-bibenzo[d]imidazol"

Demirayak et al. relataram a síntese de uma nova série de derivados de pirazino[1,*2-a*]benz imidazol e analisaram as suas actividades anticancerígenas e anti-VIH. Nenhum dos compostos apresentou atividade anti-HIV. Entre eles, o composto "3-(4- clorofenil)-1-metileno-2-(4-(2-(piperidin-1-il)etoxi)fenil)-1,2-dihidrobenzo [4,5]imidazo[1,2-a]pirazina" **65 (Figura 3.4)** foi mais ativo do que o melfalano contra a leucemia.[20]

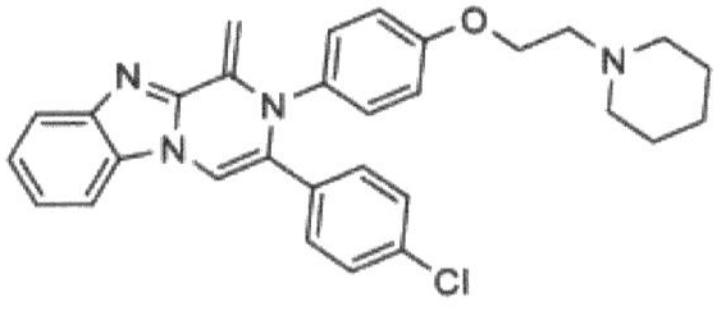

Figura 3.4: Estrutura da "3-(4-clorofenil)-1-metileno-2-(4-(2-(piperidin-1-il) etoxi)fenil)-1,2-di-hidrobenzo[4,5]imidazo[1,2-a]pirazina"

Foks et al. relataram a síntese de novos derivados de benzimidazol e avaliaram *in vitro a* sua atividade tuberculostática. Entre eles, o composto "2-(2-ciclohexiletil)- 1H-benzo[d]imidazol" **66 (Figura 3.5)** mostrou uma atividade tuberculosa potente contra o H37RV com um valor MIC de 3,1 g/ml.[21]

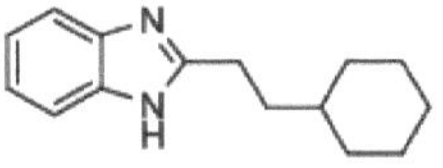

Figura 3.5: Estrutura do "2-(2-ciclohexiletil)-1H-benzo[d]imidazol"

Ramprasad et al. relataram a síntese de uma nova série de derivados de imidazo[2,1-b][1,3,4]thia diazole-benzimidazole e avaliaram as suas actividades antifúngicas contra *Aspergillus flavus*, *Chrysosporium keratinophilum* e *Candida albicans*. Os compostos "5-(5-cloro-1H-benzo[d]imidazol-2-il)-6-(4-fluorofenil)-2-metilimidazo [2,1-b][1,3,4]tiadiazol" **67 (Figura 3.6)** e "5-(1H-benzo[d]imidazol-2-il)-6-(4-cloro fenil)-2-metilimidazo[2,1-b][1,3,4]tiadiazol" **68 (Figura 3.7)** contendo uma substituição 4-cloro-fenil no anel imidazo[2,1-b][1,3,4]tiadiazol e uma substituição cloro no anel benzimidazol apresentou uma atividade média.[22]

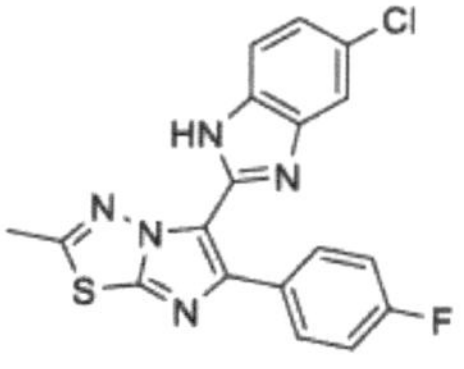

67

Figura 3.6: Estrutura do "5-(5-cloro-1H-benzo[d]imidazol-2-il)-6-(4-fluorofenil)-2-metilimidazo[2,1-b][1,3,4]tiadiazol"

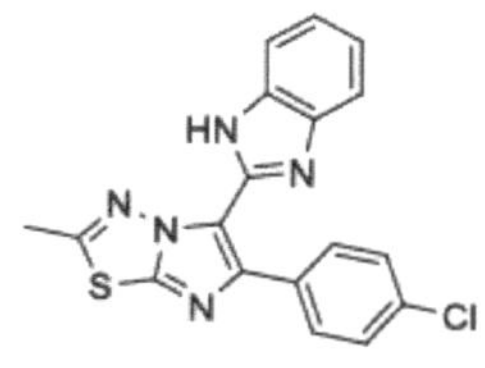

68

Figura 3.7: Estrutura do "5-(1H-benzo[d]imidazol-2-il)-6-(4-clorofenil)-2-metil imidazo[2,1-b][1,3,4]tiadiazol"

Sharma et al. relataram a síntese de novos derivados de 2-(benzotiazolil carbamoil)benzimidazol substituídos e avaliaram a sua atividade depressora do SNC. A partir dos dados de atividade, pode concluir-se que todos os derivados sintetizados apresentaram uma tendência para provocar uma descida da pressão sanguínea, resultando em efeitos depressores óbvios no sistema nervoso central.[23]

Chimirri et al. relataram a síntese de uma nova série de derivados de *1H-pirrolo*[1,2-a] benzimidazol-1-ona e avaliaram as suas propriedades anticonvulsivas. Entre eles, o composto "6-cloro-3a-(*p-tolil*)-2,3,3a,*4-tetrahidro-1H-pirrolo*[1,2-a]benzimida zol-1-ona" **69 (Figura 3.8)** apresentou uma potência cinco vezes superior.[24]

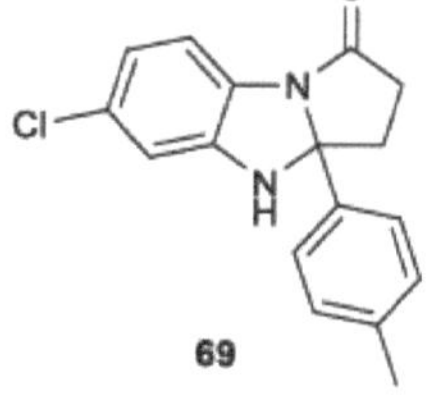

69

Figura 3.8: Estrutura da 6-cloro-3a-(*p-tolil*)-2,3,3a,4-tetrahidro-1H-pirrolo[1,2-a]benzimidazol-1-ona

Alguns dos medicamentos com núcleo de benzimidazol estão disponíveis no mercado, como o omeprazol **70 (Figura 3.9)** e o rabeprazol **71 (Figura 3.10)**.[25-27]

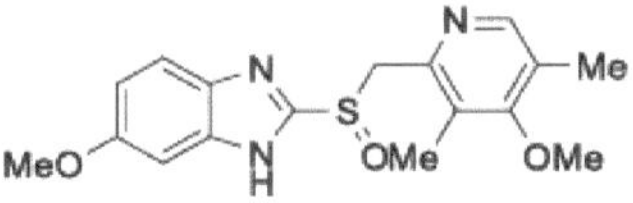

Figura 3.9: Estrutura do omeprazol

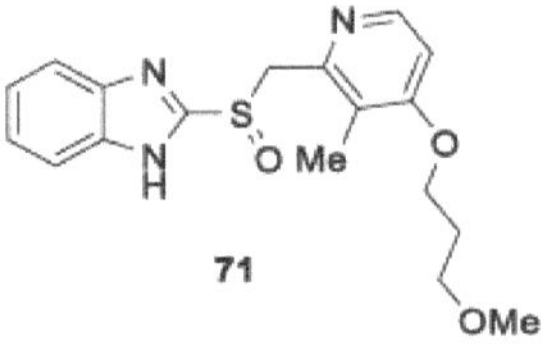

Figura 3.10: Estrutura do rabeprazol

O nocodazol **72 (Figura 3.11)** é um dos agentes anticancerígenos registados com uma unidade de benzimidazol que actua interferindo com a polimerização dos microtúbulos.[21]

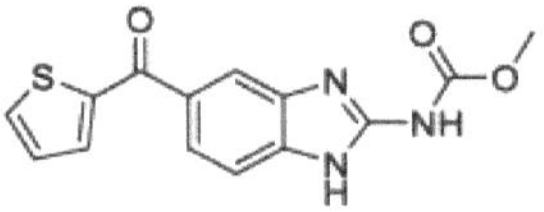

Figura 3.11: Estrutura do Nocodazol

Os benzotiazóis são heterocíclicos privilegiados com azoto e enxofre fundidos que desempenham um papel importante na química bioorgânica devido às suas potentes actividades farmacêuticas.

Bujdakova et al. relataram a síntese de uma nova série de derivados de benzotiazol e avaliaram a sua atividade anti-candida. Entre eles, o composto "2- (pentiltio)benzo[d]tiazol-6-amina" **73 (Figura 3.12)** apresentou uma atividade inibidora potente contra *C. albicans* com valores IC50 da ordem de 10^{-5} a 10^{-4} M.[22]

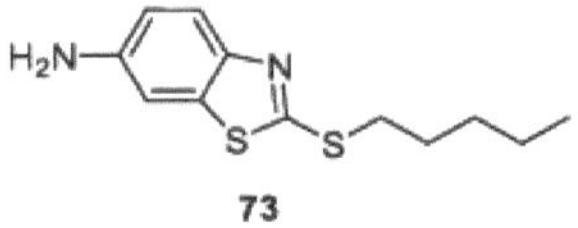

Figura 3.12: Estrutura da "2-(pentiltio)benzo[d]tiazol-6-amina"

Papadopoulou et al. relataram a síntese de uma nova série de derivados de 2-amino-1,3-benzotiazóis e avaliaram as suas actividades inibitórias contra tripomastigotas da forma sanguínea de T.b. rhodesiense, tripomastigotas de T. cruziamastigotas, mioblastos esqueléticos de ratos e amastigotas de Leishmania donovani em cultura axénica. Entre eles, o composto "1-(3,4-diclorofenil)-4-(3-(3-nitro-1H-1,2,4-triazol-1-il)propil)piperazina dicloridrato "**74 (Figura 3.13)** mostrou uma atividade inibidora potente contra T. cruziamastigotes com valor IC50 de 0,048 p.M.[23]

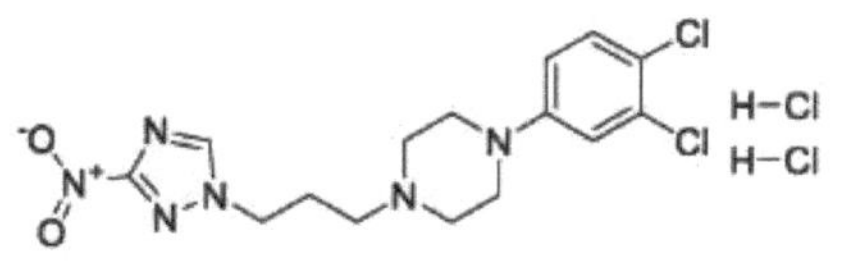

Figura 3.13: Estrutura do "1-(3,4-diclorofenil)-4-(3-(3-nitro-1H-1,2,4-triazol-1-il) propil)piperazina dicloridrato"

Gilani et al. comunicaram a síntese de uma nova série de estruturas híbridas de benzotiazol hidrazina-carboxamida e avaliaram as actividades anticonvulsivas in *vitro* e *in vivo*. Entre eles, o composto "1-(6-clorobenzo[d]tiazol-2-il)-3-(2-(2,4-dicloro phenyl)-4-oxothiazolidin-3-yl)urea" **75 (Figura 3.14)** mostrou uma potente inibição *in vitro* da enzima GABA AT com um valor IC50 de 15,26 ± 0,48 µM.[24]

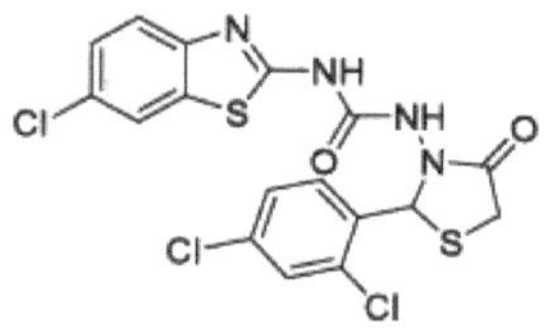

75

Figura 3.14: Estrutura da "1-(6-clorobenzo[d]tiazol-2-il)-3-(2-(2,4-diclorofenil)-4-isotiazolidin-3-il)ureia"

Ozkay et al. relataram a síntese de uma nova série de derivados de benzotiazol-piperazina e avaliaram as suas actividades inibidoras da AChE. Entre eles, o composto "N-(5,6-dimetoxibenzo[d]tiazol-2-il)-2-(4-(2-(dimetilamino)etil)piperazin-1-il) acetamida" **76 (Figura 3.15)** exibiu uma potente atividade inibidora da AChE com valores IC50 de 0,0462 ± 0,004 µM.[25]

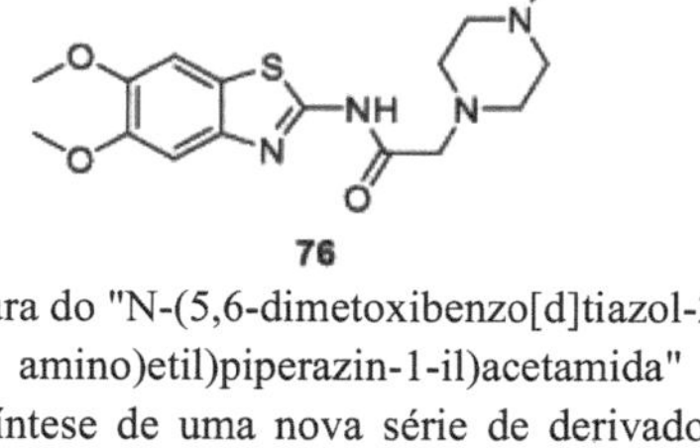

76

Figura 3.15: Estrutura do "N-(5,6-dimetoxibenzo[d]tiazol-2-il)-2-(4-(2-(dimetil amino)etil)piperazin-1-il)acetamida"

Palkar et al. relataram a síntese de uma nova série de derivados 2,3-diaril-substituídos de imidazo(2,1-b)-benzotiazol e avaliaram as suas actividades antibacterianas contra Escherichia coli, Staphylococcus aureus, Pseudomonas aeruginosa e Bacillus subtilis com Ampicilina como controlo positivo. Entre eles, o composto "3-(4-metoxi-fenil)-7-nitro-2-(p-tolil)benzo[d]imidazo[2,1-b]tiazol" **77 (Figura 3.16)** exibiu uma potente atividade antibacteriana *in vitro* contra estirpes de Escherichia coli, Staphylococcus aureus e Bacillus subtilis com valores de CIM de 0,25 цд/mL, 0,25 цд/mL e 0,5 цд/mL, respetivamente.[26]

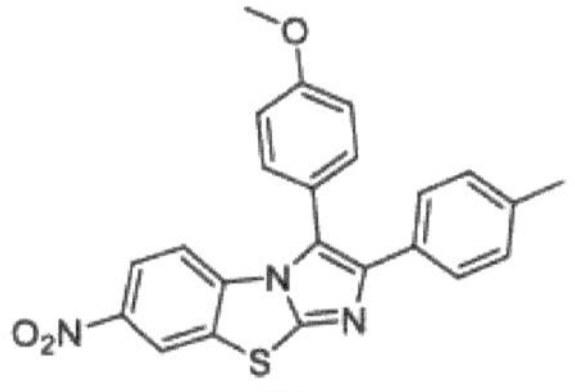

Figura 3.16: Estrutura do "3-(4-metoxifenil)-7-nitro-2-(p-tolil)benzo[d]imidazo[2,1- b]tiazol"

Siddiqui et al. comunicaram a síntese de uma nova série de 2-[(6-substituído-1,3-benzotiazol-2-il)amino]-N-[5-substituído-fenil-1,3,4-tiadiazol-2-il]acetamidas e avaliaram *in vivo a* sua atividade anticonvulsiva com base no protocolo do programa de desenvolvimento de medicamentos anticonvulsivos dos NIH. Entre eles, o composto "2-((6-fluorobenzo[d]thiazol-2- yl)amino)-N-(5-(4-nitrofenil)-1,3,4-tiadiazol-2-il)acetamida "**78 (Figura 3.17)** apresentou um índice de proteção potente, superior ao do controlo positivo, a fenitoína.[27]

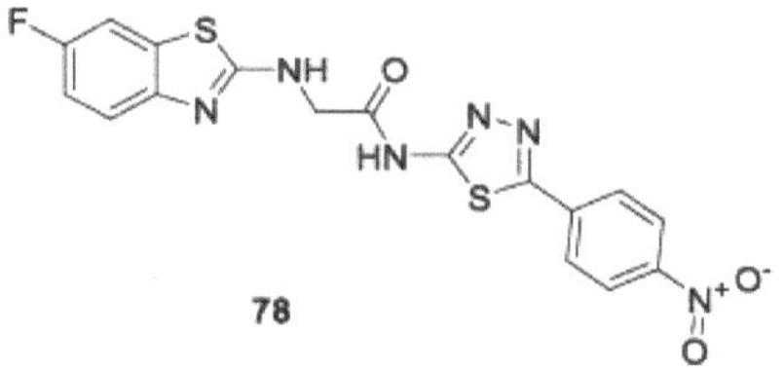

Figura 3.17: Estrutura do "2-((6-fluorobenzo[d]tiazol-2-il)amino)-N-(5-(4-nitrofenil)-1,3,4-tiadiazol-2-il)acetamida"

Tapia et al. relataram a síntese de uma nova série de indoloquinonas contendo um anel benzotiazol fundido e avaliaram a sua atividade antileishmaniana contra formas promastigotas de *Leishmania major* e *Leishmania donovani*. Entre eles, o composto "1-(2-cloroetil)-4,7-dimetoxi-1H-indole-2-carboxilato de etilo" **79 (Figura 3.18)** apresentou uma potente atividade inibidora contra duas *Leishmania sp,* sem qualquer citotoxicidade para uma linha celular THP-1.[28]

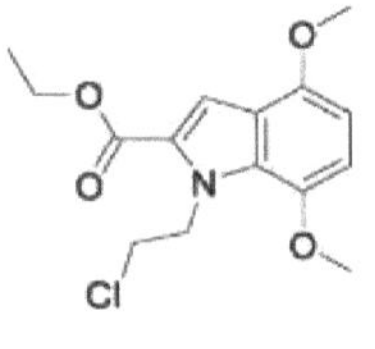

Figura 3.18: Estrutura do "etil 1-(2-cloroetil)-4,7-dimetoxi-1H-indole-2-carboxi-late"

Tariq et al. relataram a síntese de uma nova série de derivados de benzotiazol-2-amina à base de 1,2,4-triazol e avaliaram a sua atividade anti-inflamatória. Entre eles, o composto "N-(3-(2-((2,6-diclorofenil)amino)benzil)-4H-1,2,4-triazol- 4-il)benzo[d]tiazol-2-amina" **80 (Figura 3.19)** exibiu uma potente eficácia anti-inflamatória *in vivo* de 85,31%.[29]

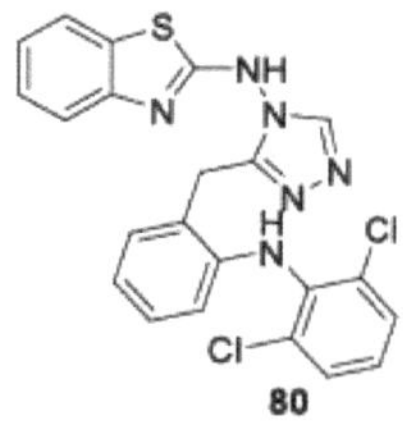

Figura 3.19: Estrutura do "N-(3-(2-((2,6-diclorofenil)amino)benzil)-4H-1,2,4-triazol-4-il)benzo[d]tiazol-2-amina"

Yang et al. relataram a síntese de uma nova série de derivados de bis-benzotiazóis e analisaram as suas actividades anti-proliferativas contra as linhas celulares HeLa, U937 e HL 60 utilizando o ensaio de redução MTT com 5-FU e Hoechst 33258 como fármacos padrão. Entre eles, o composto "2,2'-bis(4-metoxifenil)-6,6'-bibenzo[d]tiazol" **81 (Figura 3.20)** apresentou actividades anticancerígenas potentes contra as linhas celulares U937, HeLa e HL 60 com valores IC50 de 6,76 pM, 7,21 pM e 8,67 pM, respetivamente.[30]

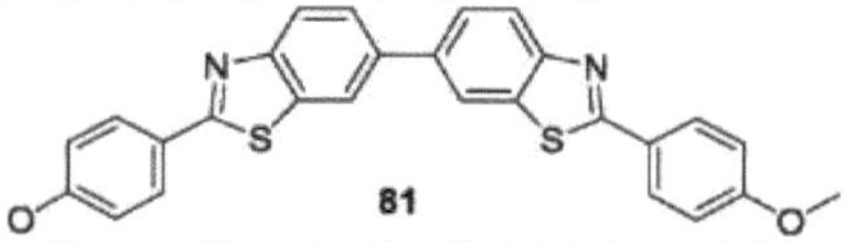

Figura 3.20: Estrutura do "2,2'-bis(4-metoxifenil)-6,6'-bibenzo[d]tiazol"

Meng et al. relataram a síntese de uma nova série de derivados de benzotiazol e analisaram a sua atividade inibidora da lipase endotelial para o tratamento de doenças cardiovasculares. Entre eles, o composto "benzil (4-(2-(1-cyano-2-((2-(cyclopentylamino)-2- oxoethyl)amino)-2-oxoethyl)benzo[d]thiazol-6-yl)phenyl)carbamate" **82 (Figura 3.21)** exibiu uma potente atividade inibidora da lipase endotelial, da lipase hepática e do soro ELh com um valor IC50 de 1 nM, 0,8 nM e 80 nM, respetivamente.[31]

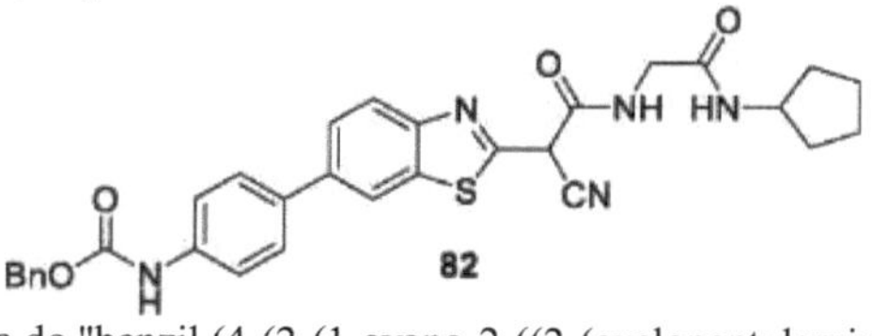

Figura 3.21: Estrutura do "benzil (4-(2-(1-cyano-2-((2-(cyclopentylamino)-2-oxoethyl) amino)-2-oxoetil)benzo[d]tiazol-6-il)fenil)carbamato"

Abdalhameed et al. relataram a síntese de uma nova série de derivados de andaimes de benzotiazóis e avaliaram a sua atividade antagonista do GPR35. Entre eles, o composto "N-(2-((4-clorobenzil)tio)benzo[d]tiazol-6-il)-2-(morfolina-4-carbonil) benzamida" **83 (Figura 3.22)** apresentou uma potente atividade antagonista do GPR35 com valores IC50 de 4,56 pM.[32]

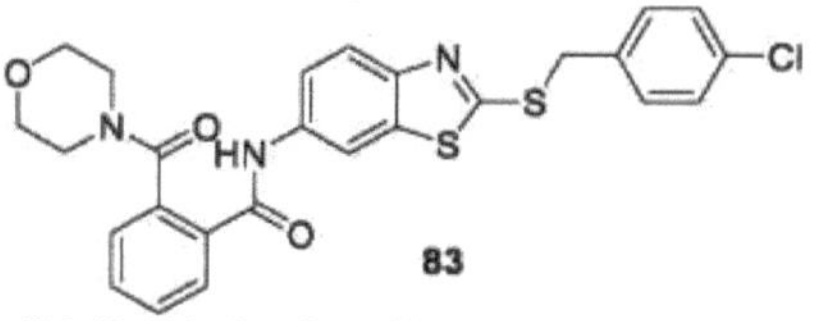

Figura 3.22: Estrutura da "N-(2-((4-clorobenzil)tio)benzo[d]tiazol-6-il)-2-(morfonil-4-

carbonil)benzamida"

Cevik et al. relataram a síntese de uma nova série de derivados de benzotiazol com tiadiazóis e avaliaram as suas actividades inibidoras da hMAO. Entre eles, o composto "2-((5-((2-metoxietil)amino)-1,3,4-tiadiazol-2-il)tio)-N-(6-nitrobenzo [d]thiazol-2-il)acetamida" **84** **(Figura 3.23)** mostrou uma potente atividade inibidora da hMAO com um valor IC50 de 0,107 ± 0,003 pM.[33]

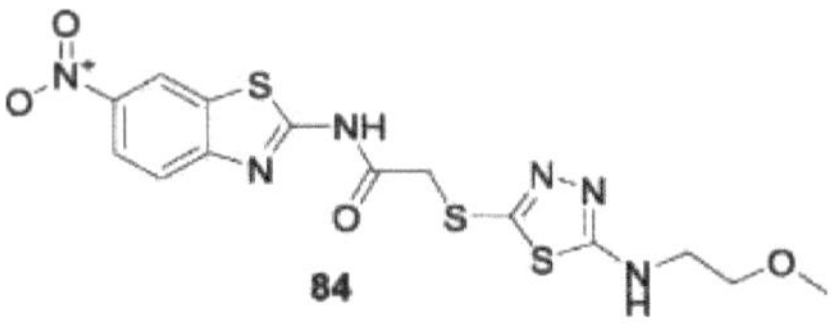

Figura 3.23: Estrutura da "2-((5-((2-metoxietil)amino)-1,3,4-tiadiazol-2-il)tio)-N- (6-nitrobenzo[d]tiazol-2-il)acetamida"

O NSC-710305 **85 (Figura 3.24)** é um agente anticancerígeno que contém um esqueleto de benzotiazol e está atualmente a ser submetido a ensaios clínicos de fase 1.[34]

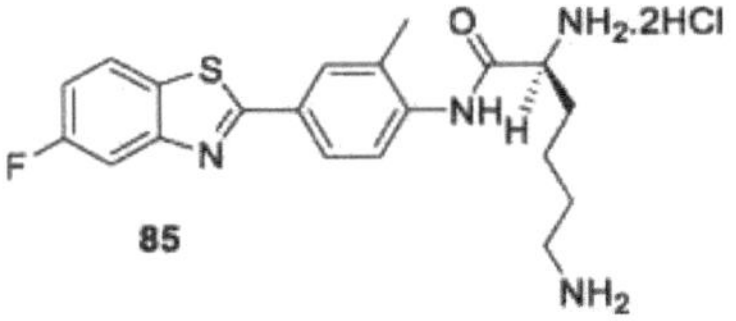

Figura 3.24: Estruturas do NSC-710305

Tendo em conta as descobertas acima referidas sobre o benzimidazol e os benzotiazóis que contêm moléculas que exibem actividades biológicas úteis, com os nossos esforços contínuos, concebemos e preparámos uma nova biblioteca de derivados 2-(5-(benzo[d]tiazol-2-il)-1H-imidazol-1-il)-5-aril-1H-benzo[d]imidazol **(90a-j)** e analisámos as suas actividades antiproliferativas em relação a quatro linhas celulares de cancro humano.

3.2. Resultados e discussão
3.2.1. Química
A síntese dos derivados substituídos de 2-(5-(benzo[d]tiazol-2-il)-1H-imidazol-1-il)-5-aril-1H-benzo [d]imidazol é descrita no esquema 3.1. O composto de partida, 5-bromo-1H-benzo[d]imidazol-2-amina **(86)**, foi reagido com benzo[d]tiazol-2-carbaldeído **(87)** na presença de uma quantidade catalítica de ácido acético em metanol e a mistura reacional foi agitada sob refluxo durante 2 horas. Posteriormente, arrefeceu-se à temperatura ambiente e a solução foi tratada com tosilmetilisocianeto (TosMIC) na presença da base carbonato de potássio (K2CO3), no solvente metanol/1,2-dimetoxietano (6:4) e refluxada durante 6 horas para obter o derivado imidazólico puro **88** através da reação de Van Leusen com o nome de imidazol, com bom rendimento. Os valores espectrais[1] HNMR do composto **88** mostram que os protões que aparecem entre 57,46 e 7,81 determinam os protões aromáticos e o protão observado a 5 9,89 (s, 1H) ppm determina o protão -NH do benzimidazol. O ESIMS de **88** mostrou o pico do ião (M+H)+ a *m/z* 397, o que confirma a formação do produto.

Além disso, o intermediário **88** foi submetido à reação de acoplamento de Suzuki com vários tipos de ácidos fenil borónicos **(89a-j)** na presença de Na2CO3 aq., utilizando Pd(PPh3)4 como catalisador em DME e a mistura de reação foi aquecida a 90° C durante 24 horas para obter compostos puros **90a-j**. Os valores espectrais de[1] HNMR do composto **90a** mostram que os protões que aparecem a 5 7,40 a 7,76 determinam protões aromáticos e o protão observado a 5 9,90 (s, 1H) ppm determina o protão -NH do benzimidazol. Em[13] C NMR, os sinais dos carbonos que ressoam entre 109,4 e 159,7 determinam sinais de carbono aromático. O ESIMS de **90a** mostrou o pico do ião $(M+H)^+$ a *m/z* 395, confirmando a formação do produto.

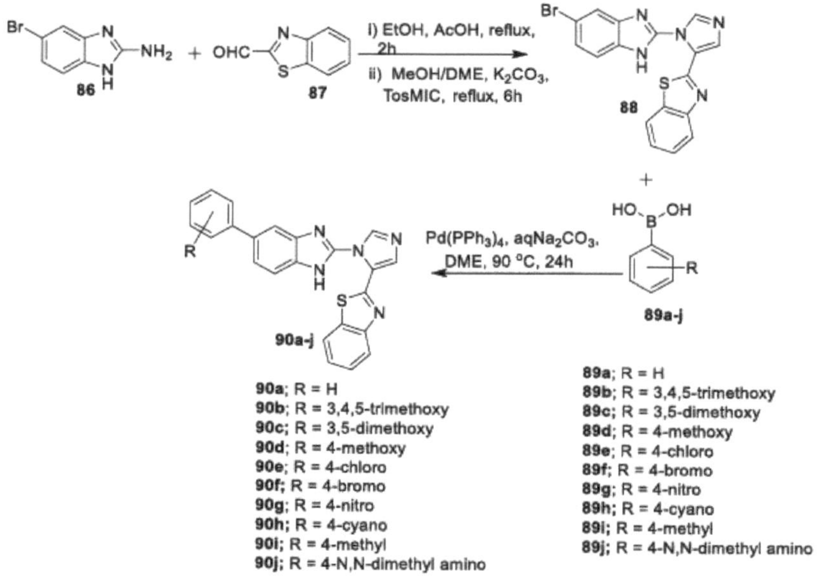

Esquema 3.1: Síntese de derivados de 2-(5-(Benzo[d]tiazol-2-il)-1H-imidazol-1-il)-5-aril-1H-benzo[d]imidazol

3.2.2. *Avaliação biológica - Citotoxicidade in vitro:*

Os derivados recém-preparados (**90a-j**) foram examinados quanto à sua atividade anticancerígena em relação a quatro tipos diferentes de linhas celulares, nomeadamente MCF-7 (mama), A549 (pulmão), Colo-205 (cólon) e A2780 (ovário), pelo método MTT, tendo o etoposido sido utilizado como medicamento padrão. Os resultados destes testes são expressos como valores IC50 uM e resumidos na Tabela 3.1. Estes resultados revelaram que a maioria dos derivados apresentou uma atividade moderada a excelente contra as linhas celulares de cancro representadas. Dos dez compostos sintetizados, cinco (**90b, 90b, 90c, 90g e 90i**) apresentaram uma atividade mais promissora quando comparados com o controlo positivo. Destes, **o 90b demonstrou a** maior atividade anticancerígena. Além disso, todos estes compostos foram submetidos a estudos de SAR, que indicaram que o composto **90b**, com o grupo 3,4,5-trimetoxi doador de electrões no anel fenílico, apresentou uma atividade anti-proliferativa proeminente (MCF-7 = 0,018±0,0039 uM, A549 = 0,011±0,0019 uM, Colo-205 = 0,12±0,029 uM e A2780 = 0,17±0,023 uM) do que o etoposido. O composto **90c**, com um substituinte 3,5-dimetoxi no anel fenílico, apresentou uma atividade inferior (MCF-7 = 0,10±0,028 uM, A549 = 0,23±0,031 uM, Colo-205 = 1,44±0,22 uM e A2780 = 1,34±0,37 uM) à do composto **90b**.O derivado **90d**, com o grupo 4-metoxi, mostrou uma maior diminuição da atividade

(MCF-7 = 1,22±0,36 uM, A549 = 0,38±0,030 uM, Colo-205 = 1,88±0,36 uM e A2780 = 2,01±1,65 uM) em comparação com **90b** e **90c**. A substituição do grupo 4-metoxi no composto **90d** por grupos retiradores de electrões, como 4-cloro, 4-bromo e 4-ciano, deu origem aos derivados correspondentes **90e, 90f** e **90j,** todos eles com atividade reduzida. Destes derivados, o composto **90g** com um substituinte 4-nitro no anel fenílico mostrou uma atividade anticancerígena comparativamente boa (MCF-7 = 1,10±0,23 uM, A549 = 1,08±0,20 uM e Colo-205 = 1,54±0,36 uM), enquanto que o composto **90i** com um grupo doador de electrões (4-metil) mostrou uma atividade aceitável numa linha celular (A549 = 1,55±0,29 uM). O composto **90a**, sem substituição no grupo fenilo, deve apresentar actividades anticancerígenas consideráveis contra as linhas celulares MCF-7 e A549 com valores IC50 de 2,89±1,77 uM e 3,56±1,90 uM. O composto **90e** com substituição 4-cloro na porção fenil apresentou menos actividades contra as linhas celulares MCF-7, Colo-205 e A2780 com valores IC50 de 4,77±2,44 uM, 7,20±3,21 uM e 5,29±2,30 uM, respetivamente. O composto **90f** com substituição 4-bromo na porção fenil mostrou actividades inferiores contra as linhas celulares A549 e Colo-205 com valores de IC50 de 14,6±6,79 uM e 9,23±5,32 uM. O composto **90h** com substituição 4-ciano apresentou actividades fracas contra as linhas celulares MCF-7, Colo-205 e

A2780 com valores de IC50 de 15,29±6,89 gM, 12,30±6,77 gM e 10,98±3,60 11M. O composto **90j** mostrou boa atividade contra a linha celular MCF-7 e fraca atividade contra a linha celular A549 com valores IC50 de 2,99±1,78 gM e 8,23±4,28 gM.

A partir dos estudos da relação estrutura-atividade, pode concluir-se que a presença de três grupos doadores de electrões -OCH3 nas posições 3,4,5 do anel fenílico apresentou excelentes actividades anticancerígenas potentes contra quatro linhas de células cancerígenas específicas. A diminuição da atividade anticancerígena foi observada com dois grupos -OCH3 nas posições 3,5- e um grupo -OCH3 na posição 4th. As restantes substituições doadoras de electrões, 4-metil e 4-(N,N-dimetilamino) mostraram uma diminuição da atividade do que os substituintes doadores de electrões -OCH3. Mas os electrões com grupos de desenho -CN, -Cl, -Br, e -NO2, mostram uma atividade muito fraca.

Tabela 3.1: Atividade citotóxica in vitro dos compostos **90a-j** com IC50 gM.

Composto	MCF-7	A549	Colo-205	A2780
90a	2.89±1.77	3.56±1.90	10.6±3.54	-
90b	0.018±0.0039	0.011±0.0019	0.12±0.029	0.17±0.023
90c	0.10±0.028	0.23±0.031	1.44±0.22	1.34±0.37
90d	1.22±0.36	0.38±0.030	1.88±0.36	2.01±1.65
90e	4.77±2.44	2.66±1.70	7.20±3.21	5.29±2.30
90f	3.94±1.98	14.6±6.79	9.23±5.32	-
90g	1.10±0.23	1.08±0.20	1.54±0.36	-
90h	15.29±6.89	3.44±1.93	12.30±6.77	10.98±3.60
90i	2.00±1.35	1.55±0.29	3.14±1.32	11.4±5.39
90j	2.99±1.78	8.23±4.28	-	-
Etoposido	2.11 ± 0.024	3.08 ± 0.135	0.13 ± 0.017	1.31 ± 0.27

"-" = Não ativo.

3.3. Secção Experimental

Todos os produtos químicos, sais, solventes e reagentes foram adquiridos aos laboratórios

AVRA, Índia. As folhas de TLC de alumínio foram obtidas da Merck Pvt. Ltd e foram utilizadas para conhecer o progresso da reação. Os espectros[1] H NMR &[13] C NMR foram registados num espetrómetro de 300 MHz. Os pontos de fusão foram registados em aparelhos fabricados localmente, que não foram corrigidos. O espetrómetro de massa TSQ Altis™ Triple Quadrupole, Thermo Scientific, foi utilizado para registar os espectros ESI-MS.

2-(5-(Benzo[d]thiazol-2-yl)-1H-imidazol-1-yl)-5-bromo-1H-benzo[d]imidazole (88): Uma mistura de 5-bromo-1H-benzo[d]imidazol-2-amina (**86**) (10 g, 47,1 mmol), benzo[d]tiazol-2-carbaldeído (**87**) (7,6 g, 47,1 mmol), e 1 mL de ácido acético foram tomados em 50 mL de etanol e a massa reacional foi agitada sob refluxo durante 2 horas. Em seguida, arrefeceu-se à temperatura ambiente e o precipitado obtido foi recolhido por filtração, obtendo-se 15,3 g (91%) de (E)-N-((benzo[d]tiazol-2-il)metileno)-5-bromo-1H-benzo[d]imidazol-2-amina como cristais amarelos. Esta foi utilizada diretamente para a reação da etapa seguinte sem qualquer purificação adicional.

O intermediário acima referido (15 g, 42 mmol), o tosilmetilisocianeto (TosMIC) (12,3 g, 63 mmol) e o carbonato de potássio (11,6 g, 84 mmol) foram colocados em 70 ml de metanol e 30 ml de DME e agitados sob refluxo durante 6 horas. Após confirmação do fim da reação por TLC, a massa reacional foi arrefecida até à temperatura ambiente; a solução foi concentrada sob vácuo e dividida entre acetato de etilo e água. A camada orgânica foi separada, lavada com salmoura, seca sobre Na2SO4, filtrada e concentrada sob vácuo. O produto bruto foi purificado por cromatografia em coluna de gel de sílica com eluição de acetato de etilo/hexano (9:1), obtendo-se 12,7 g do composto amarelo **88** com 77% de rendimento. Mp: 158-160 oC,"[1] H NMR (300 MHz, *DMSO-d6*): δ 7.46-7.52 (m, 2H), 7.61-7.73 (m, 5H), 7.75 (d, 1H, *J* = 7.26 Hz), 7.81 (s, 1H), 9.89 (s, 1H); MS (ESI): 397 [M+H]$^+$ ".

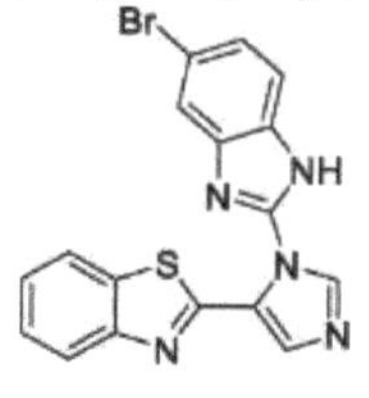

Estrutura do composto **88**

2-(5-(Benzo[d]thiazol-2-yl)-1H-imidazol-1-yl)-5-phenyl-1H-benzo[d]imidazole (90a): A uma mistura de **88** (500 mg, 1,26 mmol) e ácido fenilborónico (**89a**) (154 mg, 1,26 mmol) dissolvido em DME (20 mL), foi adicionado o catalisador Pd(PPh3)4 (728 mg, 0,63 mmol).

A esta, foi adicionada uma solução aquosa de Na2CO3 (5 mL, 267 mg, 2,52 mmol) sob agitação e a massa reacional foi aquecida a 90 °C durante 24 horas. Depois de levar a massa reacional à temperatura ambiente, foi adicionado éter dietílico (25 mL) e a camada orgânica foi lavada com salmoura (2 x 30 mL), seca (MgSO4) e evaporada até à secura. O crude obtido foi purificado através de cromatografia em coluna empregando acetato de etilo/hexano (8:2) para obter 210,6 mg de composto puro de cor amarela **90** em 42% de rendimento. Mp: 268-270° C, 1H NMR (300 MHz, DMSO- *d6*): £7.40-7.51 (m, 5H), 7.57 (d, 1H, *J* = 7.26 Hz), 7.60 (d, 2H, *J* = 7.24 Hz), 7.64-7.76 (m, 6H), 9.90 (s, 1H);[13] C NMR (75 MHz, DMSO- *d6*): £109.4, 110,6, 120,6, 124,5, 125,4, 125,7, 126,2, 126,7, 127,5, 128,4, 129,7, 130,2, 137,3, 138,3, 139,4, 141,3, 142,4, 143,6, 155,6, 156,3, 159,7; MS (ESI): 395 [M+H]$^+$.

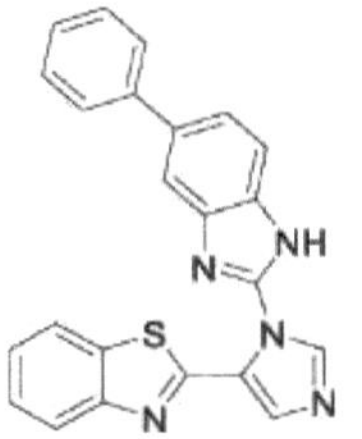

Estrutura do composto **90a**

2-(5-(Benzo[d]thiazol-2-yl)-1H-imidazol-1-yl)-5-(3,4,5-trimethoxyphenyl)-1H-benzo[d]imidazole (90b): Este composto **90b** foi sintetizado pelo método utilizado para a síntese do composto **90a**, empregando **88** (500 mg, 1,26 mmol) com ácido 3,4,5-trimetoxifenilborónico (**89b**) (267 mg, 1,26 mmol), Pd(PPh3)4 (728 mg, 0.63 mmol) e 5 mL de água gelada com Na2CO3 dissolvido (267 mg, 2,52 mmol) e o produto bruto foi purificado por cromatografia em coluna utilizando o sistema de solventes acetato de etilo/hexano (8:2) para obter 215,9 mg do composto **90b** de cor amarela pura com um rendimento de 44%. Mp: 300-302° C, "1H NMR (300 MHz, *DMSO-d6*): £3.79 (s, 6H), 3.90 (s, 3H), 6.98 (s, 2H), 7.46-7.51 (m, 2H), 7.60 (d, 1H, J = 7.27 Hz), 7.63-7.73 (m, 4H), 7.76 (d, 1H, J = 7.30 Hz), 7.79 (s, 1H), 9.89 (s, 1H);[13] C NMR (75 MHz, *DMSO-d6*): £ 57.4, 61.5, 109.5, 110.6, 113.4, 120.4, 124.5, 124.8, 125.2, 126.4, 126.8, 128.6, 135.5, 137.4, 138.2, 141.2, 142.5, 143.7, 147.4, 153.5, 155.7, 156.7, 159.8; MS (ESI): 485 [M+H]$^+$ ".

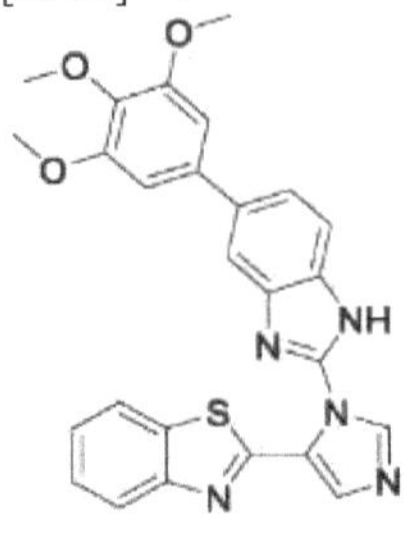

Estrutura do composto **90b**

2-(5-(Benzo[d]thiazol-2-yl)-1H-imidazol-1-yl)-5-(3,5-dimethoxyphenyl)-1H-benzo[d]imidazole (90c): Este composto **90c** foi sintetizado utilizando o método utilizado para a síntese do composto **90a**, empregando **88** (500 mg, 1,26 mmol) com ácido 3,5-dimetoxifenilborónico (**89c**) (230 mg, 1,26 mmol), Pd(PPh3)4 (728 mg, 0,63 mmol) e 5 mL de água gelada com Na2CO3 dissolvido (267 mg, 2,52mmol). O crude foi purificado por cromatografia em coluna utilizando o sistema de solventes acetato de etilo/hexano (8:2) para obter 217,3 mg do composto **90c** de cor amarela pura com 38% de rendimento. Mp: 296-298° C, "1H NMR (300 MHz, DMSO-<&): £7,81 (s, 6H), 6,52 (s, 1H), 6,97 (s, 2H), 7.49 (d, 1H, J = 7,25 Hz), 7,56-7,60 (m, 2H), 7,63-7,72 (m, 4H), 7,73 (d, 1H, J = 7,25 Hz), 7,78 (s, 1H), 9.90 (s, 1H);[13] C NMR (75 MHz, *DMSO-d6*): £56.3, 109.4, 110.2, 111.5, 116.3, 120.7, 124.4, 125.2, 125.8, 126.3, 127.2, 127.9, 136.4, 137.2, 138.5, 139.7, 141.3, 141.8, 155.6, 156.6, 159.4, 161.3; MS (ESI): 455 [M+H]$^+$ ".

Estrutura do composto **90c**

2-(5-(Benzo[d]thiazol-2-yl)-1H-imidazol-1-yl)-5-(4-methoxyphenyl)-1H-benzo[d]
imidazol (90d): O composto **90d** foi sintetizado utilizando o método utilizado para a síntese do composto **90a**, empregando **88** (500 mg, 1,26 mmol) com ácido 4-metoxifenilborónico (**89d**) (191 mg, 1,26 mmol), Pd(PPh3)4 (728 mg, 0,63 mmol) e 5 mL de água gelada com Na2CO3 dissolvido (267 mg, 2,52 mmol). O crude foi purificado através de cromatografia em coluna utilizando o sistema de solventes acetato de etilo/hexano (8:2) para obter o composto **90d** de cor amarela pura em 209,5 mg de peso e em 55% de rendimento. Mp: 285-287° C, "^{1}H NMR (300 MHz, *DMSO-d6*): £ 3,80 (s, 3H), 7,09 (d, 2H, J = 7,27 Hz), 7,45-7,53 (m, 4H), 7,58 (d, 1H, J = 7,26 Hz), 7,64-7,78 (m, 6H), 9,90 (s, 1H);^{13} C NMR (75 MHz, *DMSO-d6*): £ 56.4, 109.5, 111.6, 114.6, 120.5, 124.3, 124.9, 125.3, 125.8, 127.4, 129.6, 134.5, 137.8, 138.4, 139.5, 141.3, 142.5, 155.3, 156.3, 159.6, 160.6; MS (ESI): 425 [M+H]$^+$ ".

Estrutura do composto **90d**

2-(5-(Benzo[d]thiazol-2-yl)-1H-imidazol-1-yl)-5-(4-chlorophenyl)-1H-
benzo[d]imidazol (90e): O composto **90e** foi sintetizado utilizando o método utilizado para a síntese do composto **90a**, empregando **88** (500 mg, 1,26 mmol) com ácido 4-clorofenilborónico (**89e**) (197 mg, 1,26 mmol), Pd(PPh3)4 (728 mg, 0.63 mmol) e 5 mL de água gelada com Na2CO3 dissolvido (267 mg, 2,52 mmol) e o produto bruto foi purificado por cromatografia em coluna utilizando acetato de etilo/hexano (8:2) para obter 230,6 mg do composto **90e de** cor amarela pura com 43 % de rendimento. Mp: 310-312° C, "^{1}H NMR (300 MHz, *DMSO-d6*): £7.46-7.57 (m, 4H), 7.61 (d, 1H, J = 7.27 Hz), 7.65-7.75 (m, 6H), 7.89 (d, 2H, J = 7.32 Hz), 9.91 (s, 1H);^{13} C NMR (75 MHz, DMSO- *d6*): £109.5, 111.7, 120.6, 124.3, 124.8, 125.4, 125.9, 126.4, 127.5, 128.6, 134.6, 137.4, 137.9, 138.4, 139.6, 141.3, 142.5, 155.4, 156.5, 159.8; MS (ESI): 429 [M+H]$^+$ ".

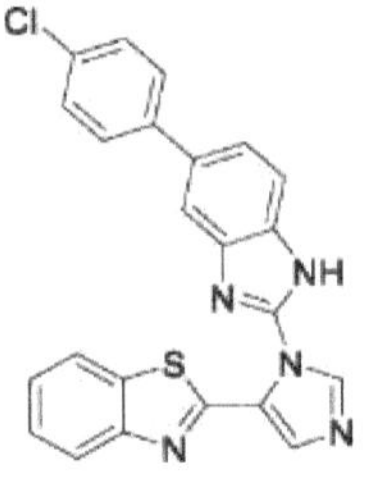

Estrutura do composto **90e**

2-(5-(Benzo[d]thiazol-2-yl)-1H-imidazol-1-yl)-5-(4-bromophenyl)-1H-benzo[d]imida zole (90f): Este composto **90f** foi sintetizado utilizando o método utilizado para a síntese do composto **90a**, empregando **88** (500 mg, 1,26 mmol) com ácido 4-bromofenil borónico (**89f**) (252 mg, 1,26 mmol), Pd(PPh3)4 (728 mg, 0.63 mmol) e 5 mL de água gelada com Na2CO3 dissolvido (267 mg, 2,52 mmol) e o produto bruto foi purificado por cromatografia em coluna utilizando o sistema de solventes acetato de etilo/hexano (8:2) para obter 239,2 mg do composto **90f** de cor amarela pura com 40 % de rendimento. Mp: 313-314° C, "$_1$H NMR (300 MHz, DMSO-<&): £7.38 (d, 2H, $J = 7.32$ Hz), 7.51-7.60 (m, 4H), 7.63 (d, 1H, $J = 7.27$ Hz), 7.65-7.74 (m, 5H), 7.77 (d, 1H, $J = 7.27$ Hz), 9.90 (s, 1H);^{13} C NMR (75 MHz, *DMSO-d6*): £109.5, 111.7, 120.5, 124.5, 124.9, 125.5, 126.4, 126.9, 127.2, 128.6, 130.4, 131.4, 137.6, 138.6, 139.6, 141.3, 142.8, 155.7, 156.4, 159.8; MS (ESI): 474 [M+H]$^+$ ".

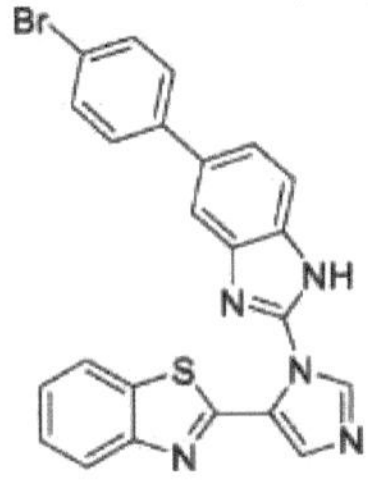

Estrutura do composto **90f**

2-(5-(Benzo[d]thiazol-2-yl)-1H-imidazol-1-yl)-5-(4-nitrophenyl)-1H-benzo[d]imida zole (90g): O composto **90g** foi sintetizado utilizando o método utilizado para a síntese do composto **90a**, empregando **88** (500 mg, 1,26 mmol) com ácido 4- nitrofenilborónico (**89g**) (210 mg, 1,26 mmol), Pd(PPh3)4 (728 mg, 0.63 mmol) e 5 mL de água gelada com Na2CO3 dissolvido (267 mg, 2,52 mmol) e o crude foi purificado por cromatografia em coluna utilizando o sistema de solventes acetato de etilo/hexano (8:2) para obter 244,6 mg de composto puro de cor amarela **90g** com 44% de rendimento. Mp: 318- 320° C, "$_1$H NMR (300 MHz, *DMSO-d6*): £7.48-7.53 (m, 2H), 7.58 (d, 1H, $J = 7.26$ Hz), 7.63-7.74 (m, 5H), 7.78 (d, 1H, $J = 7,26$ Hz), 7,89 (d, 2H, $J = 7,33$ Hz), 8,14 (d, 2H, $J = 7,33$ Hz), 9,90 (s, 1H);^{13} C RMN (75 MHz, *DMSO-d6*): 8 109.5, 111.7, 120.6, 122.6, 123.5, 124.5, 124.8, 125.3, 125.8, 126.7, 128.5, 137.5, 138.4, 141.3, 141.8, 142.6, 147.4, 148.2, 155.6, 156.8, 159.8; MS (ESI): 440 [M+H]$^+$ ".

Estrutura do composto **90g**

4-(2-(5-(Benzo[d]thiazol-2-yl)-1H-imidazol-1-yl)-1H-benzo[d]imidazol-5-yl)benzo nitrile (90h): O composto **90h** foi sintetizado pelo método utilizado para a síntese do composto **90a**, empregando **88** (500 mg, 1,26 mmol) com ácido 4-cianofenilborónico **(89h)** (185 mg, 1,26 mmol), Pd(PPh3)4 (728 mg, 0.63 mmol) e 5 mL de água gelada com Na2CO3 dissolvido (267 mg, 2,52 mmol) e o produto bruto foi purificado através de cromatografia em coluna utilizando o sistema de solventes acetato de etilo/hexano (8:2) para obter 241,9 mg do composto de cor amarela pura **90h** com 46 % de rendimento. Mp: 316-318° C, "1H NMR (300 MHz, _DMSO-d6_): δ 7.45-7.50 (m, 2H), 7.58 (d, 1H, J = 7.27 Hz), 7.62-7.73 (m, 5H), 7.77 (d, 1H, J = 7.26 Hz), 7.76 (d, 2H, J = 7.36 Hz), 7.85 (d, 2H, J = 7.36 Hz), 9.91 (s, 1H);[13] C NMR (75 MHz, _DMSO-d6_): £109.5, 111.6, 112.8, 120.4, 121.8, 122.4, 124.4, 124.8, 125.5, 126.5, 127.6, 128.5, 131.2, 137.5, 138.,5, 140.5, 141.2, 142,8, 143,6, 155,6, 156,8, 159,8; MS (ESI): 420 [M+H]$^+$ ".

Estrutura do composto **90h**

2-(5-(Benzo[d]thiazol-2-yl)-1H-imidazol-1-yl)-5-p-tolyl-1H-benzo[d]imidazole (90i): O composto **90i** foi sintetizado pelo método utilizado para a síntese do composto **90a**, empregando **88** (500 mg, 1,26 mmol) com ácido 4-metilfenilborónico **(89i)** (173 mg, 1,26 mmol), Pd(PPh3)4 (728 mg, 0.63 mmol) e 5 mL de água gelada com Na2CO3 dissolvido (267 mg, 2,52 mmol) e o crude foi purificado através de cromatografia em coluna empregando o sistema de solventes acetato de etilo/hexano (8:2) para obter 220,6 mg do composto puro **90i** em 43% de rendimento. Mp: 275-277° C, "1H NMR (300 MHz, _DMSO-de_): δ 2.37 (s, 3H), 7.23 (d, 2H, J = 7.30 Hz), 7.36 (d, 2H, J = 7.30 Hz), 7.45-7.49 (m, 2H), 7.56 (d, 1H, J = 7.25 Hz), 7.60-7.71 (m, 5H), 7.76 (d, 1H, J = 7.25 Hz), 9.89 (s, 1H);[13] C NMR (75 MHz, _DMSO-d6_): £ 22.5, 109.5, 111.6, 120.6, 124.5, 124.6, 125.3, 125.8, 126.4, 127.6, 128.7, 129.7, 137.5, 137.9, 138.4, 138.9, 139.4, 141.3, 142.8, 155.7, 156.8, 160.6; MS (ESI): 409 [M+H]$^+$ ".

Estrutura do composto **90i**

4-(2-(5-(Benzo[d]tiazol-2-il)-1H-imidazol-1-il)-1H-benzo[d]imidazol-5-il)-N,N-dimetilbenzenamina (90j): O composto **90j** foi sintetizado pelo método utilizado para a síntese do composto **90a**, empregando **88** (500 mg, 1,26 mmol) com ácido 4-(dimetilamino)fenilborónico (**89j**) (208 mg, 1,26 mmol), Pd(PPh3)4 (728 mg, 0.63 mmol) e 5 mL de água gelada com Na2CO3 dissolvido (267 mg, 2,52 mmol) e o produto em bruto foi purificado por cromatografia em coluna utilizando o sistema de solventes acetato de etilo/hexano (8:2) para obter 223,4 mg do composto puro **90j** com 41% de rendimento. Mp: 281-283° C, "1H NMR (300 MHz, *DMSO-d6*): 82,94 (s, 6H), 6,87 (d, 2H, J = 7,29 Hz), 7,43-7,48 (m, 2H), 7,56 (d, 1H, J = 7,25 Hz), 7,60-7,76 (m, 7H), 7,78 (d, 1H, J = 7,25 Hz), 9,90 (s, 1H);[13] C NMR (75 MHz, *DMSO-d6*): £41.7, 106.7, 109.6, 111.8, 120.5, 121.4, 124.5, 124.9, 125.6, 126.3, 127.2, 127.9, 134.2, 137.5, 137.9, 138.5, 141.4, 142.7, 151.3, 155.7, 156.8, 160.2; MS (ESI): 438 [M+H]$^+$ ".

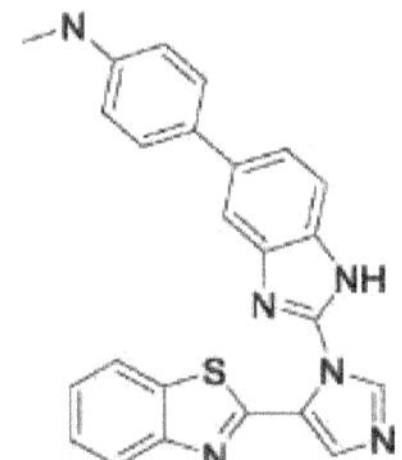

Estrutura do composto **90j**

3.3.1. Ensaio MTT:

Rastreio anticancerígeno *in vitro*

Os nossos derivados sintetizados foram avaliados de acordo com o protocolo de ensaio MTT, utilizando o kit de ensaio MTT ab211091 validado. Trata-se de um protocolo padrão para o rastreio da atividade anticancerígena.[35-43]

Drogas e produtos químicos:

As células de adenocarcinoma da mama humano (MCF-7), as células de adenocarcinoma alveolar humano (A549), a linha de células do colo humano (Colo - 205) e a linha de células do cancro do ovário humano (A2780) foram adquiridas no National Centre for Cell Sciences (NCCS), Pune, Índia

Preparação de reagentes:

Preparação da solução MTT

O MTT era solúvel em água a 10 mg/mL e em etanol a 200 mg/mL. Também era solúvel em soluções salinas tampão e em meios de cultura (5 mg/ml). Este tipo de solução de MTT preparada é mais estável durante pelo menos 6 meses quando armazenada a 0° C. A armazenagem a 40° C durante mais de quatro dias provocará a decomposição e produzirá resultados erróneos.

Preparação do solvente MTT

4mM HCl, 0,1% Nondet P-40 (NP40), tudo em isopropanol.

Cultura celular:

As células de adenocarcinoma da mama humano (MCF-7), as células de adenocarcinoma alveolar humano (A549), a linha de células de colo humano (Colo - 205) e a linha de células de cancro do ovário humano (A2780) foram cultivadas em meio RPMI-1640 suplementado com 10% de soro fetal bovino resistente ao calor (FBS), estreptomicina (100 pg/mL), ácido pirúvico (0.11 mg/mL), 50 pM de 2- mercaptoetanol, penicilina (100 unidades/ml), L-glutamina (0,3 mg/mL) e 0,37% NaHCO3 a 37° C numa atmosfera de 95% de ar e 5% de CO_2 com 98% de humidade. As linhas celulares cultivadas em culturas monocamada foram tripsinizadas com solução de tripsina (0,1% p/v)/EDTA (1 mM). As células cultivadas em fase semi-confluente ou em fase algorítmica foram tratadas com moléculas testadas dissolvidas em DMSO. Aqui, a fase confluente envolve aproximadamente 70% de confluência. Enquanto a cultura de controlo não tratada recebeu apenas o veículo com DMSO < 0,5% v/v.

Ensaio de proliferação celular:

Trata-se de um método colorimétrico quantitativo para a determinação da inibição celular (IC_{50}). IC_{50} significa a concentração à qual apenas 50% das linhas celulares seriam destruídas. Este parâmetro avaliado representa a atividade metabólica das linhas celulares viáveis. Estas linhas celulares metabolicamente activas reduzem o sal de tetrazólio amarelo-pálido a um formazan azul-escuro insolúvel em água, que é diretamente quantificado após solubilização com DMSO. A absorvância do formazan está diretamente relacionada com o número de células viáveis. As células foram colocadas em placas de 96 poços a uma densidade de 2,0 x 10^4 em 200 pl de meio por poço da placa de 96 poços. As culturas foram incubadas com diferentes concentrações de material de ensaio e incubadas durante 48 horas. Após a remoção do meio antigo, 100 pL de meio fresco forneceram os nossos derivados de compostos de teste e o medicamento padrão em várias concentrações, como 0,5 pM, 1 pM e 2 pM, respetivamente.

Adicionou-se a cada poço e deixou-se incubar a 37° C durante um período de 24 horas. Agora o meio foi removido e reposto com 10 pL de corante MTT. Novamente, as placas foram deixadas a incubar a 37° C durante 2 horas. Os cristais de formazan que surgiram foram dissolvidos em 100 uL de tampão extraído. A densidade ótica (D.O.) foi registada a 570 nm com um leitor de microplacas Multi-mode Varioskan Instrument-Thermo Scientific. No meio, a % de DMSO não excedeu 0,25%. Finalmente, a percentagem de viabilidade celular foi calculada comparando a absorvância das células tratadas com a das não tratadas.

A % de citotoxicidade (atividade anticancerígena) foi calculada com a seguinte equação, utilizando a absorvância ligada.

% de citotoxicidade = [100 X (amostra de controlo)].

O IC_{50} médio foi calculado utilizando a curva de resposta à dose através da análise probit. A curva de resposta à dose por análise probit foi apresentada como se segue.

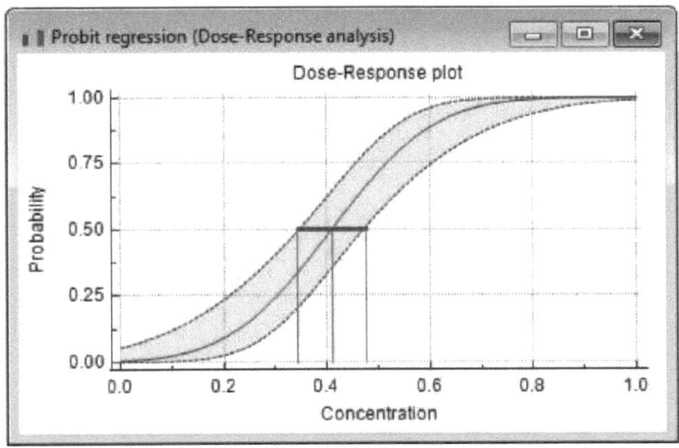

A partir da figura acima, pode concluir-se que o valor IC50 foi atingido a uma concentração de 0,4 µM.

3.4. Conclusão

Em resumo, concebemos e preparámos uma biblioteca de derivados de 2-(5-(benzo[d]tiazol-2-il)-1H-imidazol-1-il)-5-aril-1H-benzo[d]imidazol (**90a-j**), e examinámos os seus perfis anticancerígenos contra as linhas celularesMCF-7 (fera), A549 (pulmão), Colo-205 (cólon) e A2780 (ovário). Os resultados revelaram que a maioria dos derivados sintetizados exibiu uma atividade moderada a excelente contra as linhas celulares de cancro representadas. Entre eles, os compostos **90b, 90c, 90g** e **90i mostraram** uma atividade mais promissora em comparação com o controlo positivo - etoposido. De todos os compostos sintetizados e testados, o composto **90b demonstrou a** maior atividade anticancerígena.

3.5. Referências

1.   Huang WY e Cai YZ. *Nutr. Cancer*, **2010**, *62,* 1-20.

2.   Anand P, Kunnumakara AB, Sundaram C, Harikumar KB, Tharakan ST, Lai OS, Sung B e Aggarwal BB. *Pharm. Res.*, **2008**, *25,* 2097-2116.

3.   Kenneth W e Bert V. The genetic basis of human cancer, McGraw-Hill, Medical Pub. Division. **2005.**

4.   Lu Y, Chen J, Xiao M, Li W e Miller DD. *Pharm. Res.*, **2012**, *29,* 2943-2971.

5.   Salum LB, Altei WF, Chiaradia LD, Cordeiro MNS, Canevarolo RR, Melo CPS, Winter E, Mattei B, Daghestani HN, Santos-Silva MC, Creczynski-Passa TB, Yunes RA, Yunes JA, Andricopulo AD, Day BW, Nunes RJ e Vogt A. *Eur. J. Med. Chem.*, **2013**, *63,* 501-510.

6.   Downing KH e Nogales E. *Curr. Opin. Cell. Biol.*, **1998**, *10,* 16-22.

7.   Hobrecker F. *Deut. Chem. Ges. Ber.*, **1872**, *5,* 920-924.

8.   Ladenberg A. *Deut. Chem. Ges. Ber.*, **1875**, *8,* 677-678.

9.   Bansal Y e Silakari O. *Bioorg. Med. Chem.*, **2012**, *20,* 6208-6236.

10. Wilson WD, Nguyen B, Tanious FA, Mathis A, Hall JE, Stephens CE e Boykin DW. *Curr. Med. Chem. Anticancer Agents*, **2005**, *5,* 389-408.

11. Denny WA, Rewcastle GW e Baguley BC. *J. Med. Chem.*, **1990**, *33,* 814-819.

12. Fonseca T, Gigante B e Gilchrist TL. *Tetrahedron*, **2001**, *57,* 1793-1799.

13. Tamm I. *Science*, **1957**, *126,* 1235-1236.

14. Patil A, Ganguly S e Surana S. *Rasayan J. Chem,* **2008,** *1,* 447-460.

15. Mederski WW, Dorsch D, Anzali S, Gleitz J, Cezanne B e Tsaklakidis C. *Bioorg. Med. Chem. Lett.,* **2004,** *14,* 3763-3769.

16. Dubey AK, e Sanyal PK. *Online Vet. J.,* **2010, 5,** 63-65.

17. Pabba C, Wang HJ, Mulligan SR, Chen ZJ, Stark TM e Gregg BT. *Tetrahedron Lett.,* **2005,** *46,* 7553-7557.

18. Gomez HT, Nunez EH, Rivera IL, Alvarez JG, Rivera RC e Puc RM. *Bioorg. Med. Chem. Lett.,* **2008,** *18,* 3147-3151.

19. Roth M, Morningstar ML, Boyer PL, Hughes SH, Buckheit JRW, e Michejda CJ. *J. Med. Chem.,* **1997,** *40,* 4199-4207.

20. Grogan HM. *Pest. Manag. Sci.,* **2006,** *62,* 153-161.

21. Michael K. *FEMS Microbiol. Lett.,* **1998,** *160,* 87-90.

22. Bujdakova H, Kuchta T, Sidoova E, e Gvozdjakova A. *FEMS Microbiol. Lett.,* **1993,** *112,* 329-334.

23. Papadopoulou MV, Bloomer WD, Rosenzweig HS, Kaiser M, Chatelain E, e Loset JR. *Bioorg. Med. Chem.,* **2013,** *21,* 6600-6607.

24. Gilani SJ, Hassan MZ, Imam SS, Kala C, e Dixit SP. *Bioorg. Med. Chem. Lett.,* **2019,** *29,* 1825-1830.

25. Ozkay UD, Can OD, Saglik BN, Cevik UA, Levent S, Ozkay Y, Ilgin S, e Atli O. *Bioorg. Med. Chem. Lett.,* **2016,** *16,* 5387-5394.

26. Palkar M, Noolvi M, Sankangoud R, Maddi V, Gabad A, e Nargund LVG. *Arch. Pharm. Chem. Life Sci.,* **2010,** *343,* 353-359.

27. Siddiqui N, Ahuja P, Malik S, e Arya SK. *Arch. Pharm. Chem. Life Sci.,* **2013,** *346,* 819-831.

28. Tapia RA, Prieto Y, Pautet F, Domard M, Sarciron ME, Walchshofer N, e Fillion H. *Eur. J. Org. Chem.,* **2002,** 4005-4010.

29. Tariq S, Alam O, e Amir M. *Arch. Pharm. Chem. Life Sci.,* **2018,** *351,* Número do artigo: 1700304.

30. Yang ML, Zhang H, Wang WW e Wang XJ. *J. Heterocyclic Chem,* **2018,** *55,* 360-365.

31. Meng W, Adam LP, Behnia K, Zhao L, Yang R, Kopcho LM, Locke GA, Taylor DS, Yin X, Wexler RR e Finlay H. *Bioorg. Med. Chem. Lett.,* **2019,** *29,* 126673.

32. Abdalhameed MM, Zhao P, Hurst DP, Reggio PH, Abood ME, e Croatt MP. *Bioorg. Med. Chem. Lett.,* **2017,** *27,* 612-615.

33. Cevik UA, Osmaniye D, Saglik BN, Levent S, (jivusogiu BK, Karaduman AB, Ozkay UD, Ozkay Y, Kaplancikli ZA, e Turan G. *J. Heterocyclic Chem.,* **2020,** *57,* 2225-2233.

34. Hutchinson I, Bradshaw TD, Matthews CS, Stevens MF, e Westwell AD. *Bioorg. Med. Chem.,* **2003,** *13,* 471-474.

35. Mosmann T. *J. Immunol. Methods,* **1983,** *65,* 55-63.

36. Tada H, Shiho O, Kuroshima K, Koyama M, e Tsukamoto K. *J. Immunol. Methods,* **1986,** *93,* 157-165.

37. Denizot F, e Lang R. *J. Immunol. Methods,* **1986,** *89,* 271-277.

38. Gerlier D, e Thomasset N. *J. Immunol. Methods,* **1986,** *94,* 57-63.

39. Hansen MB, Nielsen SE, e Berg K. *J. Immunol. Methods,* **1989,** *119,* 203-210.

40. Vistica VT, Skehan P, Scudiero D, Monks A, Pittman A, e Boyd MR. *Cancer Res.,* **1991,** *51,* 2515-2520.

41. Maehara Y, Anai H, Tamada R, e Sugimachi K. *Eur. J. Cancer Clin Oncol,* **1987,** *23,*

273-276.

42. Heeg K, Reimann J, Kabelitz D, Hardt C, e Wagner H. *J. Immunol. Methods,* **1985,** *77,* 237-246.

43. Hooton, Gibbs J, e Paetkan UC. *J. Immunol,* **1985,** *135,* 2464-2473.

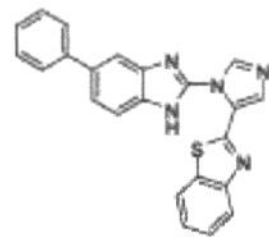

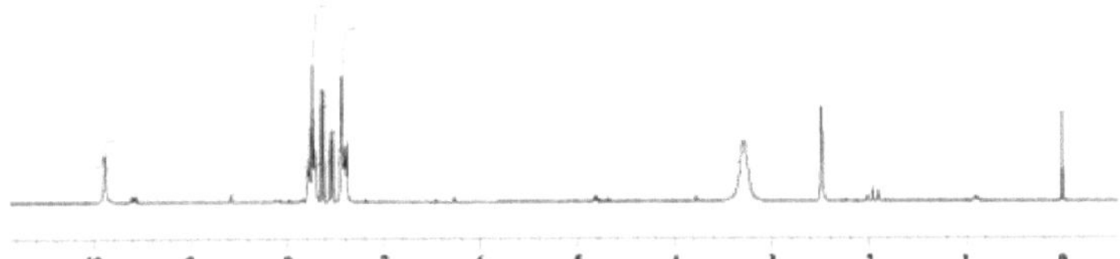

¹H NMR Spectrum of compound 90a in DMSO-*d₆* (300 MHz)

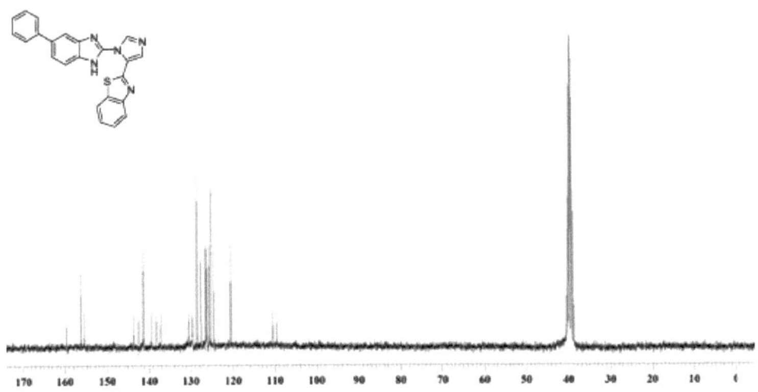

¹³C NMR Spectrum of compound 90a in DMSO-*d₆* (75 MHz)

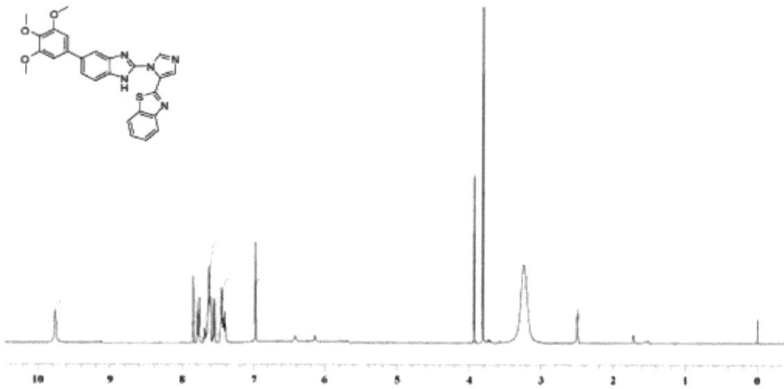

^{1}H NMR Spectrum of compound 90b in DMSO-d_6 (300 MHz)

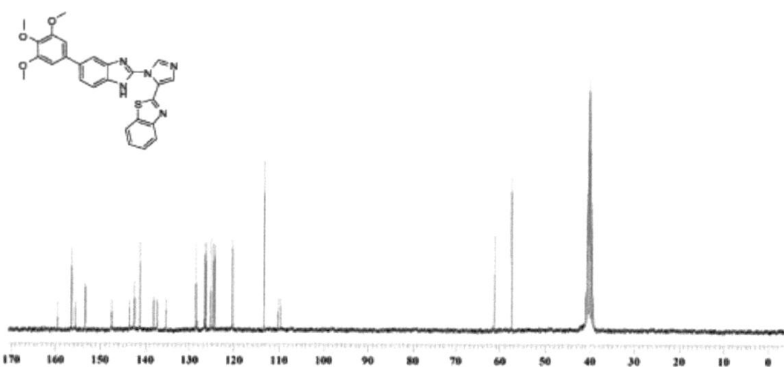

^{13}C NMR Spectrum of compound 90b in DMSO-d_6 (75 MHz)

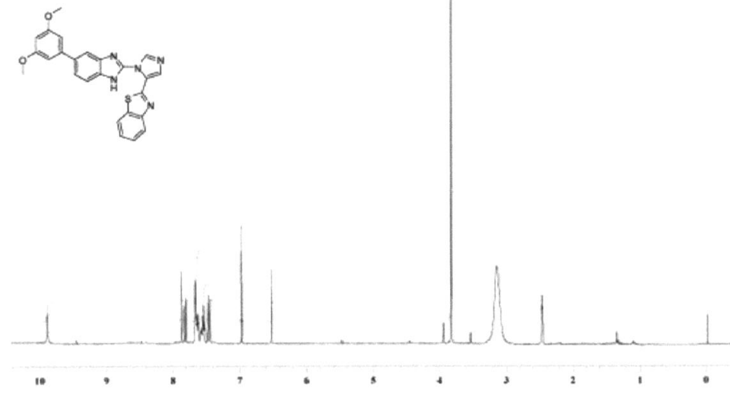

¹H NMR Spectrum of compound 90c in DMSO-*d₆* (300 MHz)

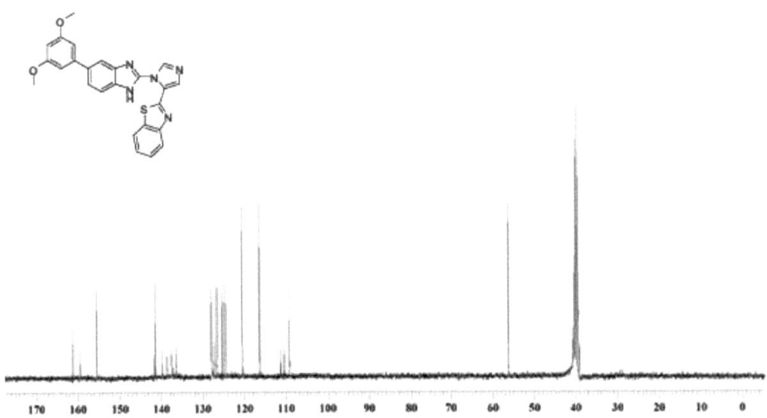

¹³C NMR Spectrum of compound 90c in DMSO-*d₆* (75 MHz)

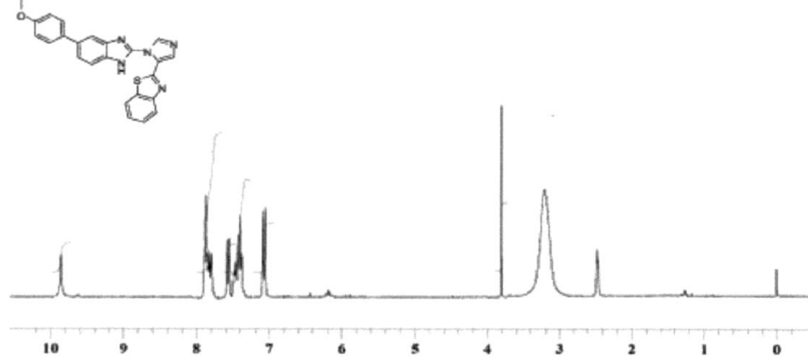

¹H NMR Spectrum of compound 90d in DMSO-*d₆* (300 MHz)

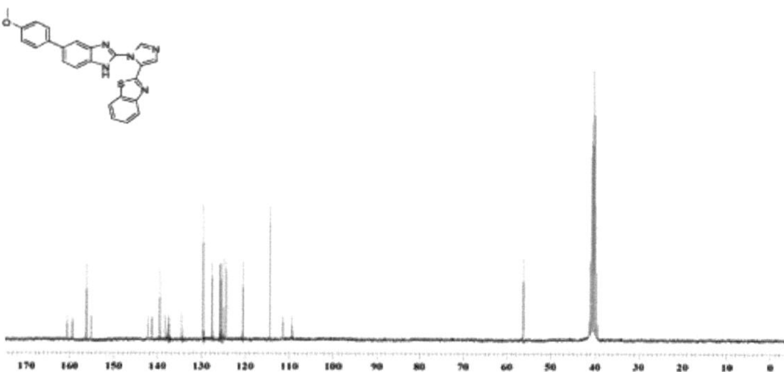

¹³C NMR Spectrum of compound 90d in DMSO-*d₆* (75 MHz)

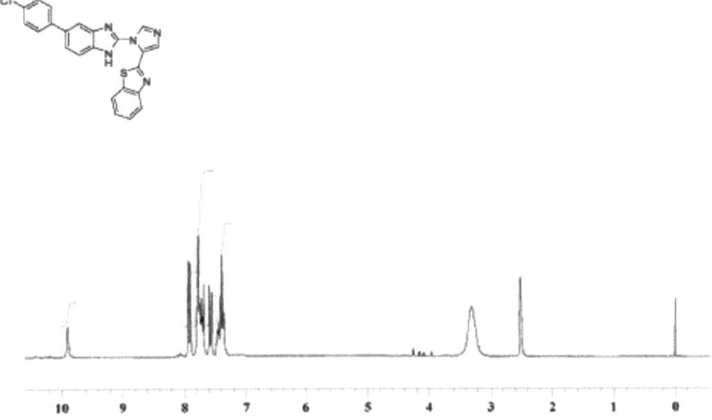

^{1}H NMR Spectrum of compound 90e in DMSO-d_6 (300 MHz)

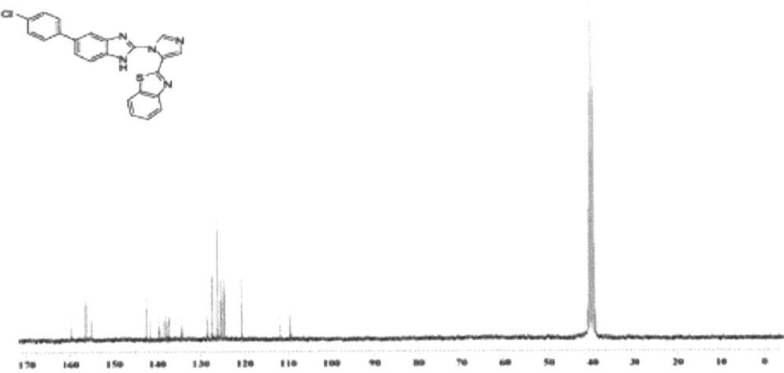

^{13}C NMR Spectrum of compound 90e in DMSO-d_6 (75 MHz)

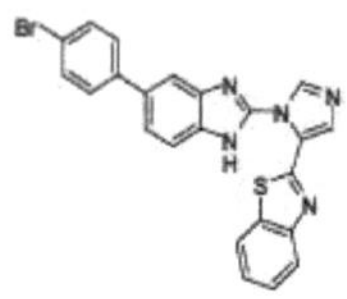

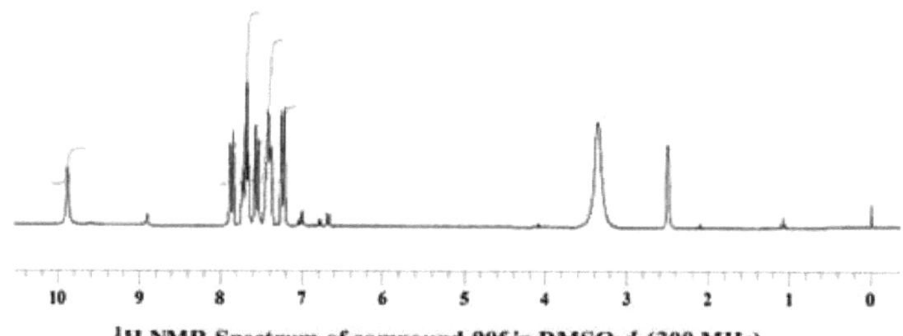

¹H NMR Spectrum of compound 90f in DMSO-*d₆* (300 MHz)

¹³C NMR Spectrum of compound 90f in DMSO-*d₆* (75 MHz)

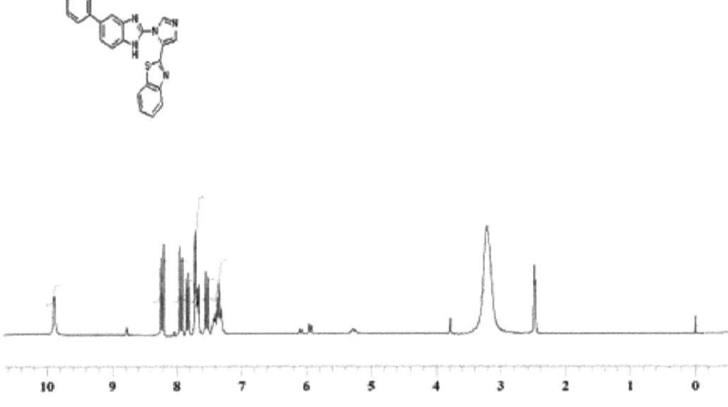

¹H NMR Spectrum of compound 90g in DMSO-*d₆* (300 MHz)

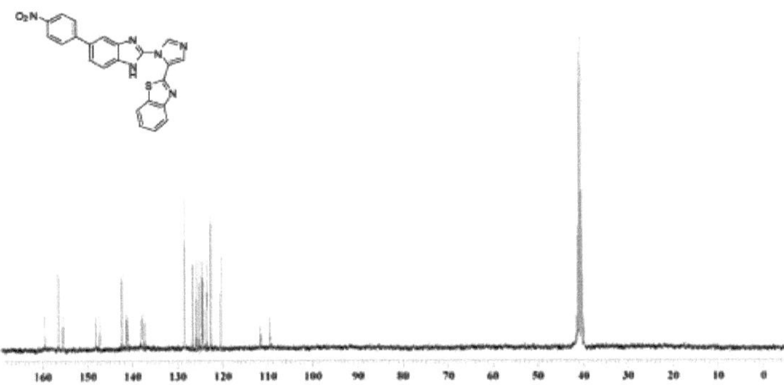

¹³C NMR Spectrum of compound 90g in DMSO-*d₆* (75 MHz)

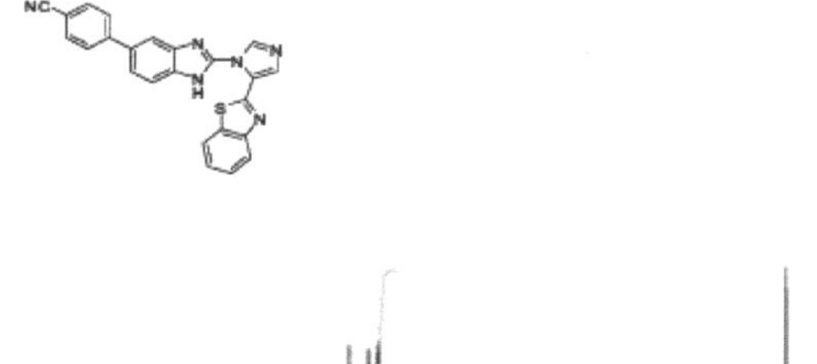

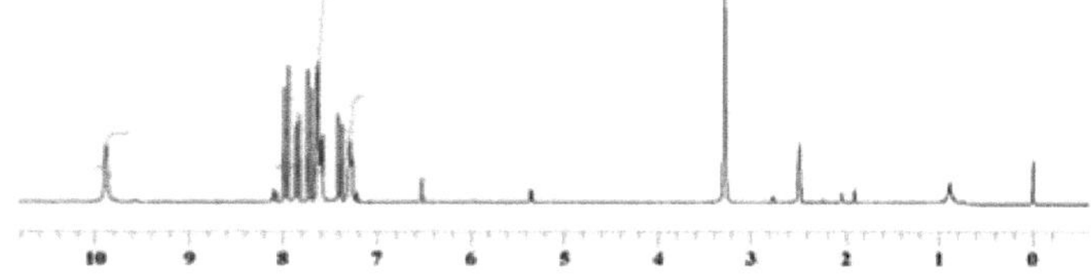

¹H NMR Spectrum of compound 90h in DMSO-*d₆* (300 MHz)

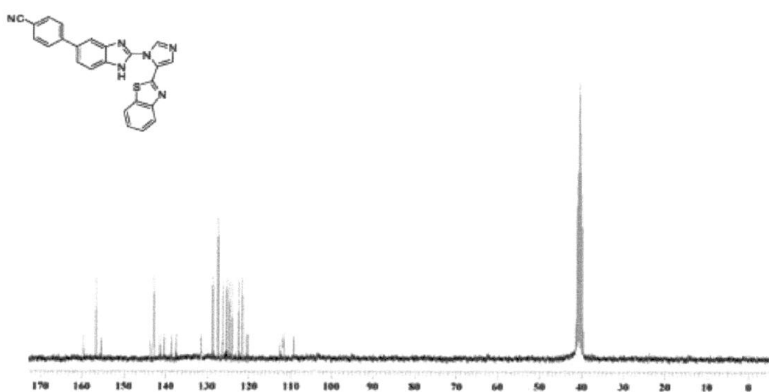

¹³C NMR Spectrum of compound 90h in DMSO-*d₆* (75 MHz)

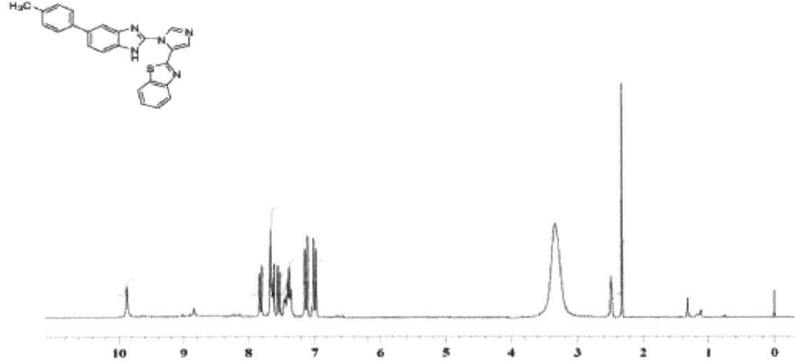

¹H NMR Spectrum of compound 90i in DMSO-*d₆* (300 MHz)

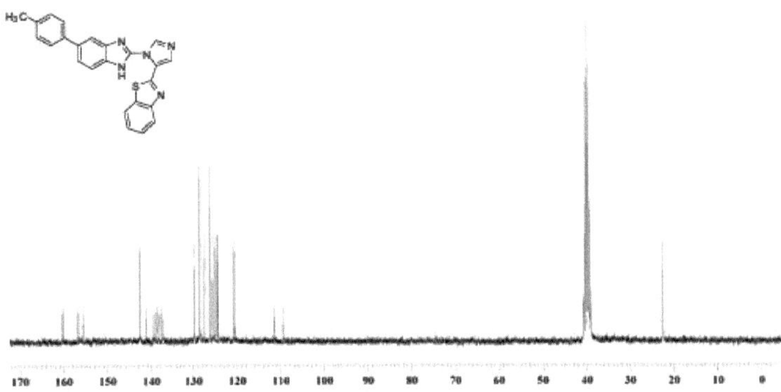

¹³C NMR Spectrum of compound 90i in DMSO-*d₆* (75 MHz).

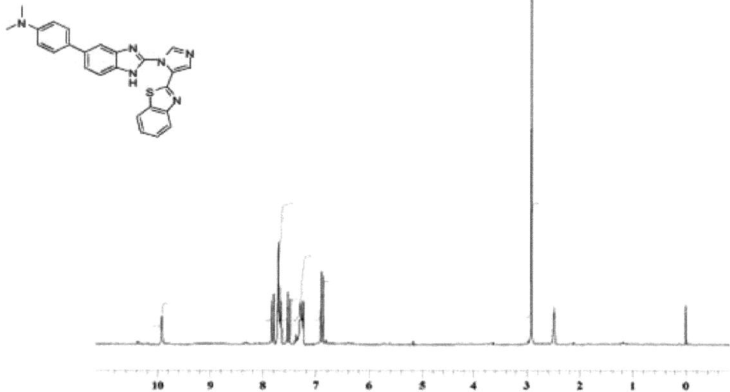

¹H NMR Spectrum of compound 90j in DMSO-*d₆* (300 MHz)

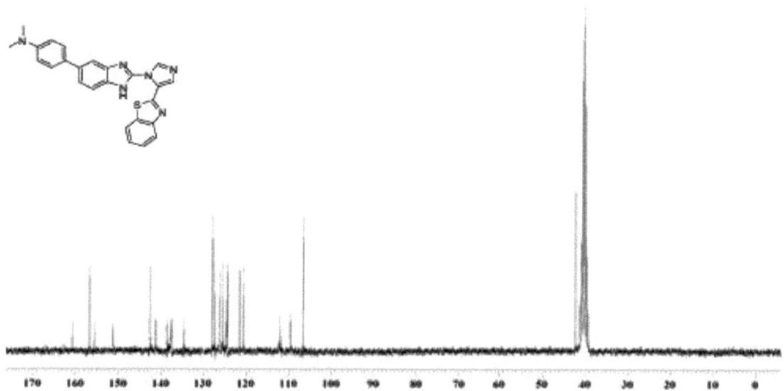

¹³C NMR Spectrum of compound 90j in DMSO-*d₆* (300 MHz)

4.1. Introdução

O heteroátomo de azoto com molécula de anel de cinco membros, nomeadamente o pirazol, atraiu a atenção de muitos investigadores e ocupou um lugar único na química medicinal. Foi demonstrada uma grande variedade de actividades biológicas, tais como antitumoral,[1,2] antagonista do recetor,[3] anti-obesidade,[4] anti-inflamatório,[5] antibacteriano,[6] antiarrítmico,[7] anti-HIV,[8] e antipirético.[9]

Huang et al. relataram a síntese de uma nova série de derivados de N-((1,3-difenil-1H-pirazol-4-il)metil)anilina e examinaram as suas actividades citotóxicas para MCF-7, B16-F10 e CDK2/Ciclina E utilizando o protocolo MTT com Olomoucina como controlo positivo. O composto "N-((3-(4-clorofenil)-1-fenil-1H-pirazol-4-il)metil)-4-fluoroanilina" **91(Figura 4.1)** exibiu a atividade mais potente de inibição da CDK2/Ciclina E com um IC50 de 0,98±0,06 uMl.[1]

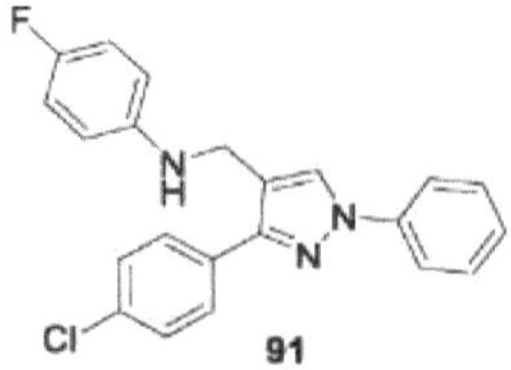

Figura 4.1: Estrutura da "N-((3-(4-clorofenil)-1-fenil-1H-pirazol-4-il)metil)-4- fluoroanilina"

Li et al. relataram a síntese de uma nova série de derivados de N,1,3-trifenil-1H-pirazol-4-carboxamida e avaliaram a sua atividade anticancerígena contra as linhas celulares HCT-116, MCF-7 e Aurora-A com o VX-680 como medicamento padrão. Entre eles, o composto "N-(4-etoxifenil)-3-(4-nitrofenil)-1-fenil-1H-pirazol-4-carboxamida" **92**

(Figura 4.2) possuía a atividade biológica mais potente contra as linhas celulares HCT116 e MCF-7, com valores de IC50 de 0,39 ± 0,06 LIM e 0,46 ± 0,04 pM.2

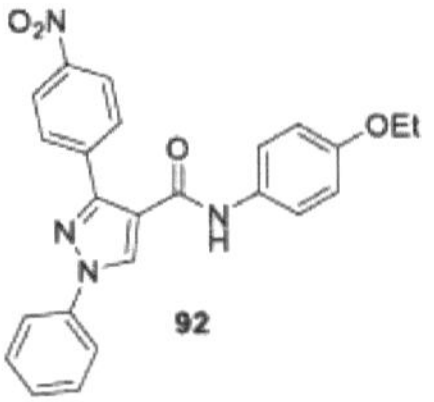

Figura 4.2: Estrutura do "N-(4-etoxifenil)-3-(4-nitrofenil)-1-fenil-1H-pirazol-4-carboxamida"

Yamamoto et al. relataram a síntese de uma nova série de derivados de 4-arilmetil-1-fenilpirazol e 4-ariloxi-1-fenilpirazol e avaliaram a sua atividade de recetor de androgénio. Entre eles, o composto "4-((1-(3-cloro-4-cianofenil)-3,5-dimetil-1H-pirazol-4-il)metil)-N-(2-hidroxi-2-metilpropil)benzamida" **93**

(Figura 4.3) mostrou uma potente atividade anticancerígena contra o modelo CRPC da linha celular LnCaP-hr num modelo de xenoenxerto de rato.[3]

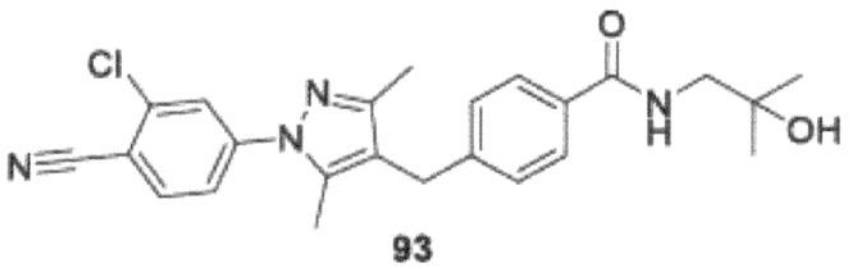

Figura 4.3: Estrutura da "4-((1-(3-cloro-4-cianofenil)-3,5-dimetil-1H-pirazol-4-il) metil)-N-(2-hidroxi-2-metilpropil)benzamida"

Srivastava et al. relataram a síntese de uma nova série de diaril dihidropirazol 3-carboxamidas e avaliaram a sua atividade antiobesidade *in vivo* relacionada com o antagonismo do recetor CB1. Entre eles, o composto "sal de bissulfato do ácido (-)-5-(4-clorofenil)-1- (2,4-diclorofenil)-4,*5-di-hidro-1H-pirazol-3-carboxílico* morfolin-4-ilamida" **94 (Figura 4.4)** exibiu uma potente perda de peso corporal in vivo, o que está relacionado com a sua atividade antagonista do CBI.[4]

Figura 4.3: Estrutura da "4-((1-(3-cloro-4-cianofenil)-3,5-dimetil-1H-pirazol-4-il) metil)-N-(2-hidroxi-2-metilpropil)benzamida" Srivastava et al. relataram a síntese de uma nova série de diaril dihidropirazol-3-carboxamidas e avaliaram a sua atividade antiobesidade *in vivo* relacionada com o antagonismo do recetor CB1. Entre eles, o composto "sal de bissulfato do ácido (-)-5-(4-clorofenil)-1- (2,4-diclorofenil)-4,*5-di-hidro-1H-pirazol-3-carboxílico* morfolin-4-ilamida" **94 (Figura 4.4)** exibiu uma potente perda de peso corporal in vivo, que está relacionada com a sua atividade antagonista do CBI.[4]

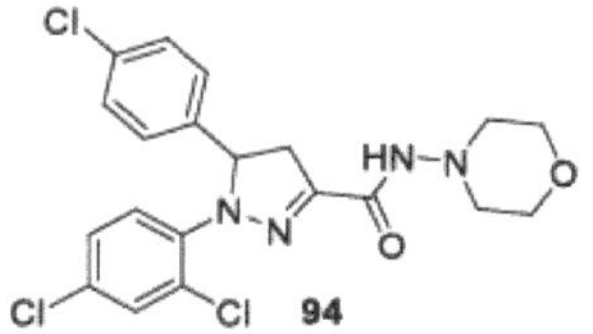

Figura 4.4: Estrutura do "sal de bissulfato de (-)-5-(4-clorofenil)-1-(2,4-diclorofenil)-morfolina-4-ilamida do ácido 4,*5-di-hidro-1H-pirazol-3-carboxílico*"

Dekhane et al. relataram a síntese de uma nova série de derivados de 4,5-di-hidro-1,5-diaril-1H-pirazol-3-substituídos-heteroazol e avaliaram a sua atividade anti-inflamatória. Entre eles, o composto "4-(5-(4-clorofenil)-3-(2H-tetrazol-5-il)-4,5-dihidro-1H-pirazol-1-il)benzenossulfonamida" **95 (Figura 4.5)** mostrou uma potente atividade anti-inflamatória.[5]

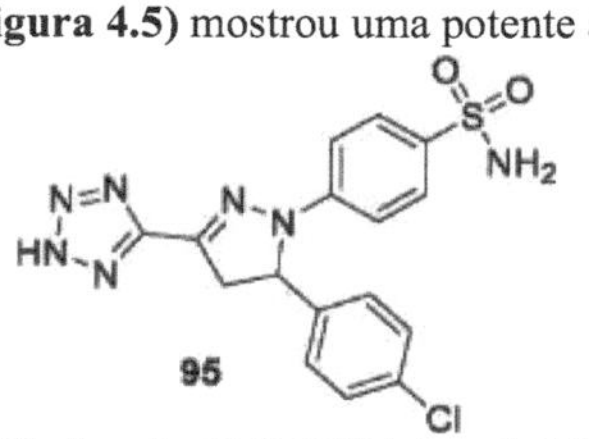

Figura 4.5: Estrutura do "4-(5-(4-clorofenil)-3-(2H-tetrazol-5-il)-4,5-di-hidro-1H-pirazol-1-il)benzenossulfonamida"

Xu et al. relataram a síntese de uma nova série de derivados de pirazol 1,3-diaril e avaliaram a sua atividade antimicrobiana contra várias bactérias Gram-positivas e Gram-negativas com os medicamentos padrão Oxacilina e Norfloxacina. Entre eles, o composto "(Z)-5-(5-(5-((3-(2,4-

diclorofenil)-1-fenil-1H-pirazol-4-il)metileno)-4- oxo-2-tioxitiazolidin-3-il)ácido pentanóico"
96 (Figura 4.6) com um ácido rodamina-3- pentanóico exibiu uma atividade mais promissora
com uma CIM de 2 ugniL.6

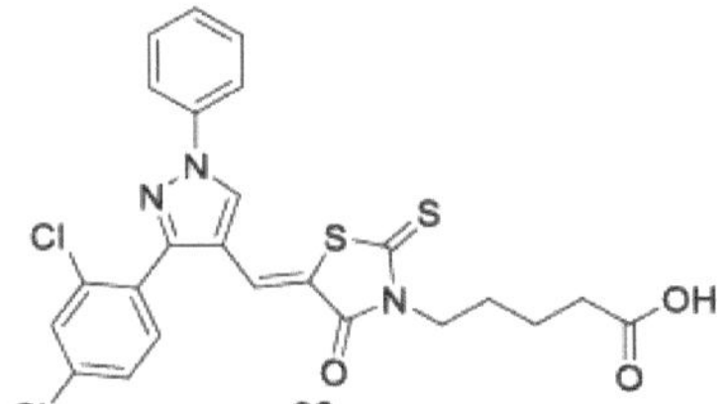

Figura 4.6: Estrutura do ácido "(Z)-5-(5-((3-(2,4-diclorofenil)-1-fenil-1H-pirazol-4-il)
metileno)-4-oxo-2-tioxitiazolidin-3-il)pentanóico"

Lovu et al. relataram a síntese de uma nova série de 2-(pirazol-1-il)- dialquilacetanilidas
substituídas e avaliaram a sua potencial ação anestésica local e antiarrítmica. Entre eles, o
composto "N-(2,6-dietilfenil)-2-(3,5-dimetil-1H-pirazol-1-il)acetamida" **97 (Figura 4.7)**
apresentou a atividade mais potente, 76,91% em relação à lidocaína e 49,20% em relação à
quinidina.[7]

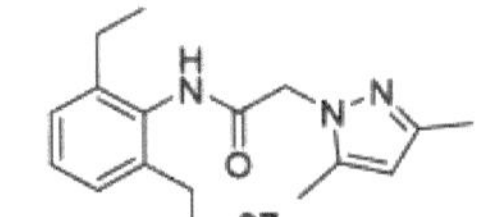

Figura 4.7: Estrutura do "N-(2,6-dietilfenil)-2-(3,5-dimetil-1H-pirazol-1-il)
acetamida"

Mowbray et al. relataram a síntese de uma nova série de NNRTls de pirazol e avaliaram a sua
atividade de transcriptase reversa com Efavirenz e Caparavirina como controlos positivos
padrão. Entre eles, o composto "2-(4-(3,5-diclorobenzil)-3,5-dietil-1H-pirazol-1-il)etan-1-ol"
98(Figura 4.8) mostrou uma potente atividade de transcriptase reversa com um IC50 de 0,66
p.M.8

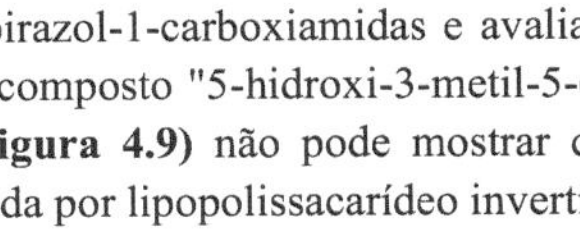

Figura 4.8: Estrutura do "2-(4-(3,5-diclorobenzil)-3,5-dietil-1H-pirazol-1-il)etan-1-
ol"

Souza et al. relataram a síntese de uma nova série de 3-metil- e 3-fenil-5-hidroxi-5-
triclorometil-4,5-di-hidro-1H-pirazol-1-carboxiamidas e avaliaram a sua ação antipirética de
MPCA e PPCA. Entre eles, o composto "5-hidroxi-3-metil-5-(triclorometil)-4,5-di-hidro-1H-
pirazol-1-carboxamida" **99 (Figura 4.9)** não pode mostrar qualquer efeito na temperatura
rectal basal, mas a febre induzida por lipopolissacarídeo invertida sugere que pode atuar como
agente antipirético.[9]

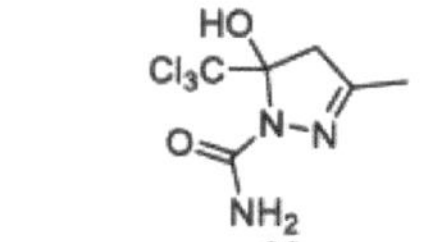

Figura 4.9: Estrutura da "5-hidroxi-3-metil-5-(triclorometil)-4,5-di-hidro-1H-pirazol-1-carboxamida"

A US-FDA sancionou o agente anti-inflamatório Tepoxalin **100 (Figura 4.10)**, que tem uma unidade de pirazol como espinha dorsal.[10]

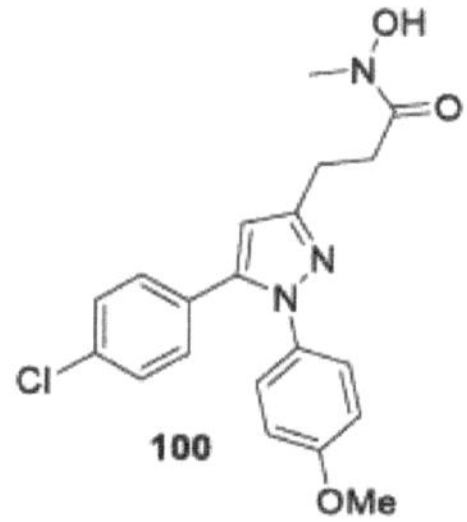

Figura 4.10: Estrutura da tepoxalina.

Do mesmo modo, as sulfonamidas foram os compostos mais singulares e o primeiro agente terapêutico utilizado no domínio da medicina.[11] A funcionalidade da sulfonamida continha moléculas que apresentavam uma variedade de aplicações biológicas, tais como alzheimer,[12] antimicobacteriano,[13] antiprotozoário,[14] anticancerígeno,[15] obesidade,[16] antifúngico,[17] e anti-inflamatório.[18]

Roush et al. relataram a síntese de uma nova série de derivados de vinil sulfonamida e avaliaram a sua atividade de inibição irreversível da cisteína protease.

Entre eles, o composto "N-((S)-1-oxo-3-fenil-1-((((S,E)-5-fenil-1-(fenilsulfonil) pent-1-en-3-il)amino)propan-2-il)morfolina-4-carboxamida" **101 (Figura 4.11)** apresentou uma atividade promissora de inibição da cruzaína com uma constante de velocidade de segunda ordem de 203000 $s^{-1}M^{-1}$.[12]

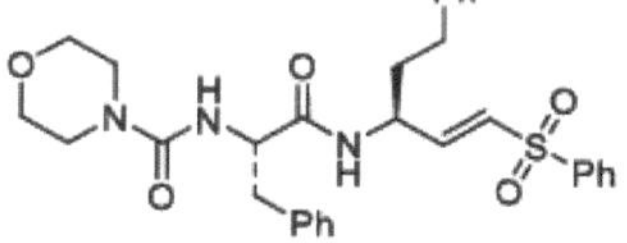

Figura 4.11: Estrutura da "N-((S)-1-oxo-3-fenil-1-((((S,E)-5-fenil-1-(fenilsulfonil) pent-1-en-3-il)amino)propan-2-il)morfolina-4-carboxamida"

Thaisrivongs et al. relataram a síntese de uma nova série de sulfonamidas contendo 4-hidroxicumarinas e derivados de 4-hidroxi-2-pirona e avaliaram a sua atividade de inibição da protease do VIH derivada de péptidos. Entre eles, o composto "N-(3- (ciclopropil(4-hidroxi-2-oxo-6-(1-fenilbutan-2-il)-2H-piran-3-il)metil)fenil)-1-metil-1H-imidazol-4-sulfonamida" **102 (Figura 4.12)** mostrou uma atividade antiviral promissora com um valor IC_{50} de 0,6 pM.[13]

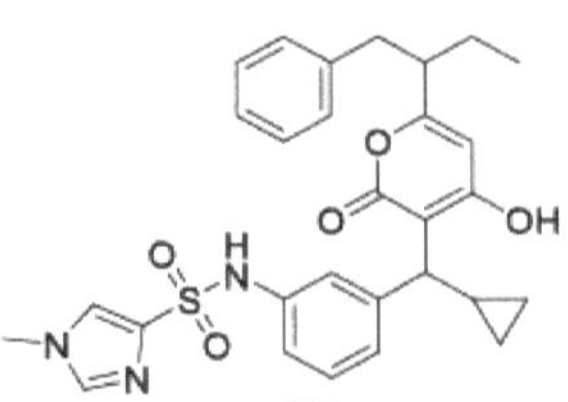

102

Figura 4.12: Estrutura do "N-(3-(ciclopropil(4-hidroxi-2-oxo-6-(1-fenilbutan-2-il)-2H-piran-3-il)metil)fenil)-1-metil-1H-imidazol-4-sulfonamida"

Chibale et al. relataram a síntese de uma nova série de análogos de sulfonamida e ureia da Quinacrina e examinaram a sua atividade de inibição da tripanotiona redutase contra estirpes dos protozoários parasitas *Trypanosoma, Leishmania* e *Plasmodium*. Entre eles, o composto "N-(3-((6-cloro-2-metoxiacridina-9-il)amino) propil)naftaleno-2-sulfonamida" **103 (Figura 4.13)** apresentou uma potente atividade de inibição da tripanotiona redutase com um valor IC50 de 3,3±0,3 uM.[14]

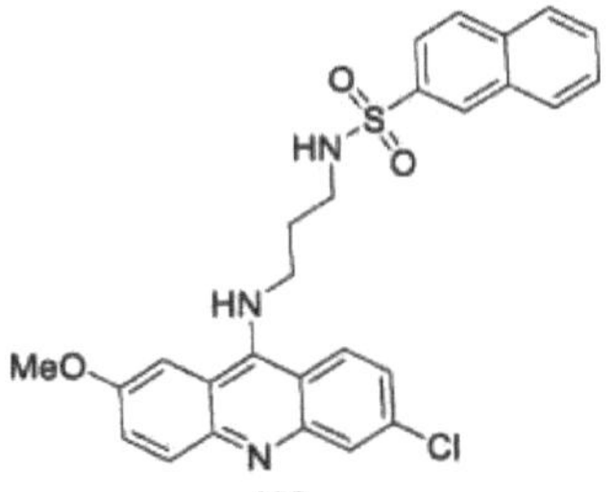

103

Figura 4.13: Estrutura da "N-(3-((6-cloro-2-metoxiacridina-9-il)amino)propil)naftaleno-2-sulfonamida"

Supuran et al. apresentaram vários derivados de sulfonamida e avaliaram a sua atividade de inibição da anidrase carbónica. Entre eles, o composto "4-(2-(((dipropil carbamothioyl)thio)amino)ethyl)benzenesulfonamide" **104 (Figura 4.14)** mostrou uma potente atividade de inibição da anidrase carbónica *in vitro* contra HL-60, SR, NCI-H522 e IGROV1 com valores GI50 de 0,065 pM, <0,010 pM, 0,075 pM e 0,06 pM, respetivamente.[15]

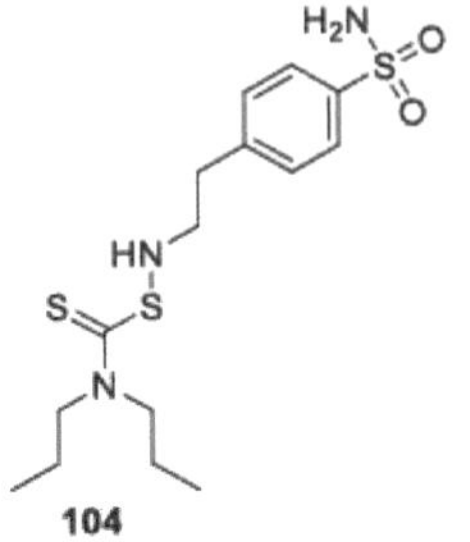

104

Figura 4.14: Estrutura da "4-(2-(((((dipropilcarbamotioiil)tio)amino)etil)benzeno sulfonamida"

Hu et al. comunicaram a síntese de uma nova série de derivados de (4-Piperidina-1-il)-fenil sulfonamida e analisaram a sua atividade no recetor B3-adrenérgico humano. Entre eles, o derivado sulfonamídico, "(R)-2-(N-butil-N-(4-(4-((2-hidroxi-2-(4-hidroxi-3-(metilsulfonamido)fenil)etil)amino)piperidin-1-il)fenil)sulfamoil) ácido acético" **105 (Figura 4.15)** exibe uma potente atividade do recetor B3-adrenérgico humano com um valor EC50 de 0,004 LIM com seletividade >500 vezes superior.[16]

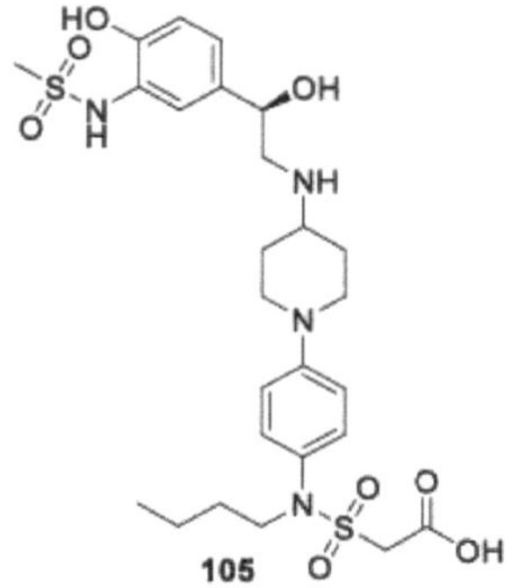

Figura 4.15: Estrutura do ácido "(R)-2-(N-butil-N-(4-(4-((2-hidroxi-2-(4-hidroxi-3-(metilsulfonamido)fenil)etil)amino)piperidin-1-il)fenil)sulfamoil)acético"

Ezabadi et al. relataram a síntese de uma nova série de derivados de sulfonamida-1,2,4-triazol e avaliaram in vitro a sua atividade antifúngica com fungicida comercial, o bifonazol, como medicamento padrão. Entre eles, o composto "4,5-dimetoxi-N,N-dimetil- 2-((4-fenil-5-tióxo-4,5-di-hidro-1H-1,2,4-triazol-3-il)metil)benzenossulfonamida" **106 (Figura 4.16)** apresentou a atividade fungicida mais forte contra *A. niger, A. ochraceus, A. versicolor, A. flavus, P. funiculosum* e *T. viride.*[17]

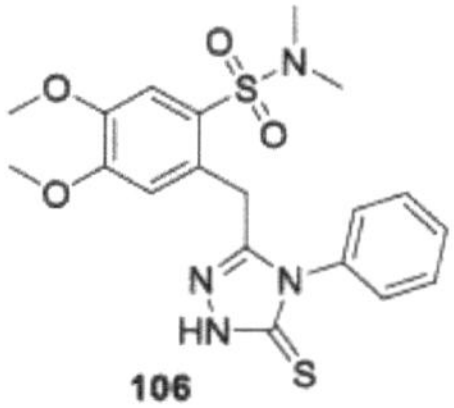

Figura 4.16: Estrutura da "4,5-dimetoxi-N,N-dimetil-2-((4-fenil-5-tioxo-4,5- dihidro-1H-1,2,4-triazol-3-il)metil)benzenossulfonamida"

Liu et al. relataram a síntese de uma nova série de derivados de 8-quinolina sulfonamida e avaliaram a sua atividade anti-inflamatória. Entre eles, o composto "N-(4-(trifluorometil)fenil)quinolina-8-sulfonamida" **107 (Figura 4.17)** apresentou uma atividade anti-inflamatória potente contra o NO, o TNF-a e a IL-ie com valores IC50 de 2,61 ± 0,39 pM, 9,74 ± 0,85 pM e 12,71 ± 1,34 pM, respetivamente.[18]

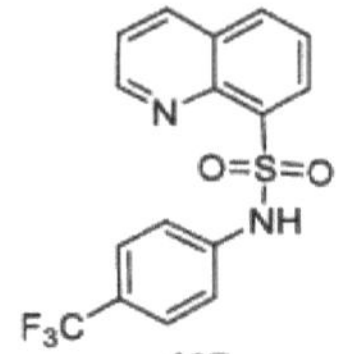

Figura 4.17: Estrutura da "N-(4-(trifluorometil)fenil)quinolina-8-sulfonamida"

Entre todos, um dos agentes anticancerígenos, nomeadamente o E7070 **108 (Figura 4.18)**, contém um grupo sulfonamida na sua estrutura e é utilizado no tratamento do cancro da leucemia.[19]

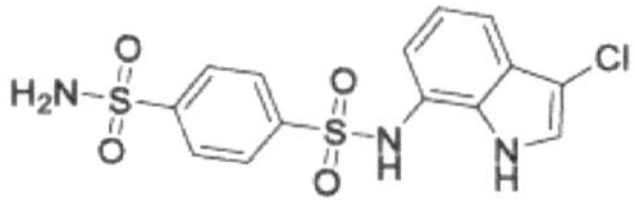

Figura 4.18: Estrutura do E7070.

Com base nas descobertas biológicas acima referidas e na continuidade dos esforços, concebemos e preparámos derivados sulfonamídicos de benzotiazol-quinolina-pirazol (**117a-j**) e as suas estruturas foram autenticadas por dados analíticos. Além disso, todos os derivados foram investigados quanto à sua atividade anticancerígena em relação a linhas celulares de cancro humano, tais como células de cancro da próstata (PC3), células de cancro do pulmão (A549), células de cancro da mama (MCF-7) e células de cancro da próstata (DU-145).

4.2. Resultados e discussão

4.2.1. Química

A via sintética para os compostos recentemente preparados (**117a-j**) foi descrita no **Esquema 4.1.** O 2-aminobenzenoiol (**109**) foi submetido a uma reação de ciclização com o ácido 2-amino-4,5-dimetoxibenzóico (**110**) em ácido polifosfárico e a mistura reacional foi agitada a 250° C durante 6 horas para obter o composto **111**. Os valores espectrais[1] HNMR do **composto111** mostram que os protões que aparecem a 5 6,33 (brs, 2H) ppm determinam os protões NH2 e os protões observados a 5 3,74 (s, 3H) e 5 3,90 (s, 3H) ppm determinam dois protões metoxi. No espetro de RMN de[13] C do composto **111**, os sinais de carbono que ressoam a 5 57,2 e 5 57,6 determinam sinais de carbono de dois grupos metoxi. O ESIMS do **111** mostrou o pico do ião $(M+H)^+$ a *m/z* 287, o que confirma a formação do produto.

Este composto ciclizado **111** reagiu com ácido acético em anidrido acético e foi agitado em refluxo durante 1 hora para obter o composto **112**. Os valores do espetro de protões mostram que os protões de acetilo ressoam a 5 2,98 (s, 3H) ppm e os protões de amida aparecem a 5 8,10 (s, 1H) ppm. No espetro de RMN de[13] C, os sinais de carbono que ressoam a 5 25,6 determinam o sinal de carbono do grupo metilo, enquanto os sinais de carbono que ressoam a 5 57,3 e 5 57,7 determinam os sinais de carbono de dois grupos metoxi. O outro sinal de carbono que aparece a 5 170.4 determinaria o sinal de carbono do grupo carbonilo. O ESIMS do **112** mostrou o pico do ião $(M+H)^+$ a *m/z* 329, confirmando a formação do produto.

Além disso, foi submetido à reação de Veils-Mayer com DMF seco e POCl3 e refluxo da mistura reacional durante 16 horas para obter o composto puro **113**. Os valores espectrais[1] HNMR do composto **113** mostram que os protões observados a 5 3,77 (s, 3H) e 5 3,97 (s, 3H) ppm determinam dois protões metoxi. O protão ressonante a 5 10,22 (s, 1H) ppm determinaria um protão aldeídico. O ESIMS de **113** mostrou o pico do ião (M-H)$^+$ a *m/z* 384, o que confirma a formação do produto.

Além disso, este aldeído intermédio **113** foi submetido a uma reação de condensação de Claisen com cloridrato de 1-(1H-pirazol-5-il)etanona (**114**) na presença de uma quantidade catalítica de piperidina em etanol e foi agitado em refluxo durante 5 horas para obter o composto de chalcona puro **115**. Na RMN de^1 H, os protões insaturados apareceram a 7,87 (d, 1H, *J* = 15,7 Hz) ppm e o pico do pirazol-NH apareceu a 8,95 (s, 1H) ppm. Os protões observados a δ 3,77 (s, 3H) e δ 3,97 (s, 3H) ppm determinam dois protões metoxi. Em^{13} C NMR, os sinais de carbono que aparecem a δ 57,4, δ 57,8 determinam sinais de carbono de grupos metoxi. O sinal do carbono que ressoa a δ 180,4 determina o sinal do carbono do grupo carbonilo. O ESIMS de **115** mostrou o pico do ião (M-H)$^+$ a *m/z* 476, confirmando a formação do produto.

Além disso, o composto **115** reagiu com vários tipos de cloretos de sulfonilo (**116a-j**) utilizando a base Cs2CO3 em acetonitrilo e foi agitado a 28° C durante 6 horas para obter compostos finais puros **117a-j**. Os valores do espetro de^1 HNMR indicaram que o grupo arilmetoxi ligado à funcionalidade sulfonamida apareceu a δ 4,08 (s, 3H) ppm. Os outros dois grupos metoxi foram observados a δ 3,77 (s, 3H) ppm e δ 3,97 (s, 3H) ppm. Em^{13} C NMR, os sinais de carbono que aparecem a δ 57,2, δ 57,6, δ 58,3 determinam os sinais de carbono dos grupos metoxi. O sinal de carbono que ressoa a δ 180,3 determina o sinal de carbono do grupo carbonilo. O ESIMS de **117a** mostrou o pico do ião (M+H)$^+$ a *m/z* 737, confirmando a formação do produto.

Esquema 4.1: Síntese de derivados sulfonamídicos de Benzotiazol-Quinolina-Pirazol

4.2.2. Avaliação biológica-Citotoxicidade in *vitro*

Os compostos recentemente desenvolvidos (**117a-j**) foram avaliados quanto às suas aplicações anticancerígenas preliminares contra quatro linhas de células cancerígenas, tais como células de cancro da próstata (PC3), células de cancro do pulmão (A549), células de cancro da mama (MCF-7) e células de cancro da próstata (DU-145), utilizando o método MTT e os resultados obtidos foram expressos com IC_{50} 11M. A maioria dos compostos estudados apresentou uma atividade moderada a boa e o etoposido foi utilizado como controlo positivo, estando resumido na Tabela 4.1. Entre eles, cinco compostos **117a, 117b, 117h, 117i** e **117j apresentaram** actividades mais potentes. A relação estrutura-atividade (SAR) destes compostos foi examinada e os resultados indicaram que o composto **117i**, com um eletrão rico na porção fenilo, apresentou uma maior propriedade anticancerígena em todas as linhas celulares (PC3= 0,11±0,068 gM; A549=0,18±0,063 gM; MCF-7= 0,52±0,074 gM e DU-145=0,17±0,082 gM), respetivamente. Quando o composto **117h** com o grupo 4-metoxi no anel fenílico apresentou uma atividade ligeiramente inferior (PC3= 0,96±0,074 gM; A549=1,23±0,84 gM; MCF-7=1,45±0,90 gM e DU-145=1,69±0,71 gM) em comparação com o **117i**. O composto **117j** continha um substituinte doador de electrões fraco e apresentou menor atividade (PC3=2,39±1,60 gM; A549=2,66±1,91 gM; MCF-7=2,96±2,04 gM e DU-145=2,11±1,55 gM) do que **117h** e **117i**. Curiosamente, o grupo retirador de electrões no anel arilo do composto **117a** (4-metoxi-3,5-dinitro) possui uma boa atividade anticancerígena (PC3= 0,83±0,093 gM; A549=1,44±0,78 gM; MCF-7= 1,10±0,64 gM e DU-145=2,01±0,99 gM). Do mesmo modo, o composto **117b** com 3,5- dinitro substituintes demonstrou melhor atividade (PC3=2,16±1,94 gM; A549=1,89±0,86 gM; MCF-7= 1,90±0,89 gM e DU-145=1,77±0,77 gM). Os compostos **117c** (4-nitro), **117d** (4-ciano), **117e** (4-cloro), **117f** (4-bromo) e **117g** (3,5-dicloro) apresentaram actividades moderadas.

O composto **117c** com substituição 4-nitro mostrou uma atividade anticancerígena moderada contra as linhas celulares MCF-7 e DU-145 com valores IC_{50} de 3,98±2,11 gM e 5,66±3,10 gM. O composto **117d** com substituição 4-ciano mostrou uma atividade anticancerígena moderada contra as linhas celulares PC3, A549 e MCF-7 com valores IC_{50} de 7,22±3,47 gM, 5,96±4,22 gM e 10,4±5,44 gM. O composto **117e** com substituição 4-cloro mostrou uma atividade anticancerígena moderada contra as linhas celulares PC3, MCF-7 e DU-145 com valores IC_{50} de 3,26±2,49 gM, 3,77±2,01 gM e 6,12±4,58 gM, respetivamente. O composto **117f** com substituição 4-bromo mostrou uma fraca atividade anticancerígena apenas contra a linha celular A549 com um valor IC_{50} de 12,8±7,44 gM. O composto **117g** com a substituição **3,5-dicloro** mostrou uma atividade anticancerígena moderada contra as linhas celulares PC3, A549 e MCF-7 com valores IC_{50} de 4,11±2,76 gM, 6,31±4,82 gM e 8,34±5,33 gM, respetivamente.

Tabela 4.1. Citotoxicidade in vitro dos compostos recentemente desenvolvidos **117a-j** com IC_{50} em gM.

Composto	PC3	A549	MCF-7	DU-145
117a	0.83±0.093	1.44±0.78	1.10±0.64	2.01±0.99
117b	2.16±1.94	1.89±0.86	1.90±0.89	1.77±0.77
117c	-	-	3.98±2.11	5.66±3.10
117d	7.22±3.47	5.96±4.22	10.4±5.44	-

117e	3.26±2.49	-	3.77±2.01	6.12±4.58
117f	-	12.8±7.44	-	-
117g	4.11±2.76	6.31±4.82	8.34±5.33	-
117h	0.96±0.074	1.23±0.84	1.45±0.90	1.69±0.71
117i	0.11±0.068	0.18±0.063	0.52±0.074	0.17±0.082
117j	2.39±1.60	2.66±1.91	2.96±2.04	2.11±1.55
Etoposido	2.39±1.56	3.08 ± 0.135	2.11 ± 0.024	1.97 ± 0.45

" - " = Não ativo.

4.3. Secção Experimental

Todos os produtos químicos, sais, solventes e reagentes foram adquiridos aos laboratórios AVRA, Índia. As folhas de alumínio para TLC foram obtidas da Merck Pvt. Ltd e foram utilizadas para conhecer o progresso da reação. Os espectros[1] H NMR &[13] C NMR foram registados em espectrómetros de 300 MHz e 400 MHz. Os pontos de fusão foram registados em aparelhos fabricados localmente, que não foram corrigidos. O espetrómetro de massa TSQ Altis™ Triple Quadrupole, Thermo Scientific, foi utilizado para registar os espectros ESI-MS.

2-(Benzo[d]tiazol-2-il)-4,5-dimetoxibenzenamina **(111):** A ciclização do 2-aminobenzenoiol (**109**) (7 ml, 0,066 mmol) com o ácido 2-amino-4,5-dimetoxibenzóico (**110**) (13 g, 0,066 mmol) em ácido polifosfórico (30 mL) foi realizada por aquecimento da mistura reacional a 250 °C sob refluxo com agitação constante durante 6 horas num banho de óleo. A temperatura foi reduzida para 100 °C e o conteúdo foi vertido num grande volume de água rapidamente agitada. A pasta resultante foi alcalinizada com NaOH a 50%. O produto em bruto foi recolhido por filtração, lavado com uma quantidade suficiente de água e seco sob vácuo. O composto em bruto foi purificado através de cromatografia em coluna (10:90; hexano:acetato de etilo) para fornecer **111** como 11,5 g com 62% de rendimento como sólido branco. Mp: 178-180oC, "1HNMR (400 MHz, DMSO-d6): δ 3,74 (s, 3H), 3,90 (s, 3H), 6,33 (brs, 2H), 6,56 (s, 1H), 7,27 (s, 1H), 7,47-7,52 (m, 2H), 7,64 (m, 1H), 7,74 (d, 1H, J = 7,8 Hz);[13] C NMR (100 MHz, DMSO-d6): Я5.6, 57.2, 57.6, 103.2, 111.3, 122.6, 123.2, 129.5, 129.9, 130.3, 135.3, 141.4, 149.3, 150.2, 152.5, 166.4, 170.4; MS (ESI): m/z 287 [M+H]$^+$ ".

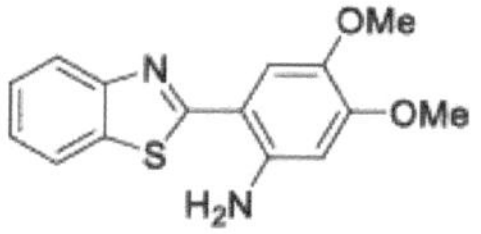

Estrutura do composto 111

N-(2-(Benzo[d]tiazol-2-il)-4,5-dimetoxifenil)acetamida **(112):** Misturou-se ácido acético glacial (27,5 mL) com anidrido acético (11 mL) em RB e agitou-se bem. O composto **111** (11 g, 0,038 mmol) foi introduzido num balão de fundo redondo e a mistura acima referida foi adicionada lentamente com agitação constante. O balão foi equipado com um condensador de refluxo e aquecido suavemente durante cerca de 30 minutos num banho de água. O líquido quente é então vertido numa corrente fina sobre gelo picado num copo. O sólido que se separa foi filtrado, lavado com água fria e seco com papel de filtro. O composto em bruto foi purificado por cromatografia em coluna (70:30; hexano:acetato de etilo) para obter **112**, 8 g com 64% de rendimento como sólido branco. Mp: 203-205° C, "1HNMR (400 MHz, DMSO-<&): d 2,98 (s, 3H), 3,75 (s, 3H), 3,90 (s, 3H), 6,85 (s, 1H), 7.29 (s, 1H), 7.48-7.54 (m, 2H),

7.65 (m, 1H), 7.75 (d, 1H, J = 7.9 Hz), 8.10 (s, 1H);[13] C RMN (100 MHz, *DMSO-d6*): Я5.6, 57.3, 57.7, 103.4, 111.4, 122.2, 123.5, 129.2, 129.7, 130.5, 135.3, 141.6, 149.4, 150.3, 152.2, 166.4, 170.4; MS (ESI): m/z 329 [M+H]$^+$ ".

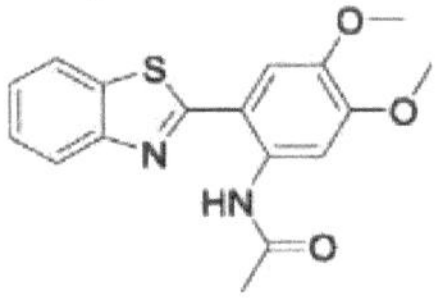

Estrutura do composto 112

8-(Benzo[d]tiazol-2-il)-2-cloro-5,6-dimetoxiquinolina-3-carbaldeído (113): O DMF (3,8 mL, 0,042 mmol) foi levado a um balão de fundo redondo de dois gargalos e levado ao 0 °C. A este, adicionou-se POCl3 (2,9 mL, 0,031 mmol) gota a gota com agitação constante, obtendo-se então o sólido branco do complexo POCl3-DMF. Adicionou-se o reagente "N-(2-(benzo[d]tiazol-2-il)-4,5-dimetoxifenil)acetamida" (**112**) (7 g, 0,021 mmol) e continuou-se a agitar durante mais meia hora. Esta massa reacional foi refluxada num banho de água durante as 16 h seguintes. Depois de confirmar a conclusão da reação com TLC, a massa reacional foi levada à temperatura ambiente e vertida em gelo picado com agitação contínua.

O sólido separado foi então filtrado e lavado com água abundante. O produto em bruto foi purificado por cromatografia em coluna (70:30; hexano: acetato de etilo) para obter **113** na forma de 6,5 g com 80% de rendimento. Mp: 220-222° C, "1HNMR (400 MHz, *DMSO-d6*): 8 3,77 (s, 3H), 3,97 (s, 3H), 7,52-7,58 (m, 2H), 7,66 (m, 1H), 7,84 (d, 1H, J = 8,2 Hz), 7,95 (s, 1H), 8,80 (s, 1H), 10,22 (s, 1H);[13] C NMR (100 MHz, *DMSO-d6*): Й57.4, 57.8, 111.3, 120.4, 122.5, 123.4, 125.6, 127.3, 129.2, 129.6, 130.5, 135.3, 143.5, 146.6, 148.5, 152.5, 157.2, 166.4, 178.4; MS (ESI): m/z 384 [M-H]$^+$ ".

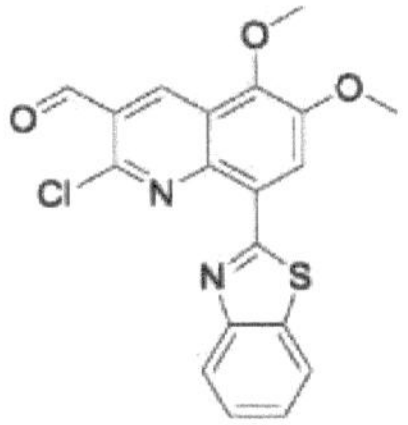

Estrutura do composto 113

(E)-3-(8-(Benzo[d]thiazol-2-yl)-2-chloro-5,6-dimethoxyquinolin-3-yl)-1-(1H-pyrazol- 5-yl)prop-2-en-1-one (115): O composto **113** (6 g, 0,015 mmol) foi solubilizado em 60 mL de etanol, seguido da adição de cloridrato de 1-(1H-pirazol-5-il)etanona (**114**) (3,4 g, 0,023 mmol) e piperidina (2 gotas). A mistura reacional foi agitada a refluxo durante 6 horas. O precipitado cristalino foi separado por filtração e purificado por recristalização a partir de etanol para dar o composto **115** puro, 6,8 g em 92 % de rendimento com um sólido amarelo escuro. Mp: 270-272° C, "1HNMR (400 MHz, *DMSO-d6*): 8 3,77 (s, 3H), 3,97 (s, 3H), 6,66-6,70 (m, 2H), 7,52-7,58 (m, 2H), 7,63-7,67 (m, 2H), 7,84 (d, 1H, J = 8.2 Hz), 7,87 (d, 1H, J = 15,7 Hz), 7,95 (s, 1H), 8,80 (s, 1H), 8,95 (s, 1H);[13] C RMN (100 MHz, *DMSO-d6*): 8 57.4, 57.8, 107.5, 111.5, 120.2, 122.3, 123.4, 123.6, 125.5, 129.4, 129.7, 130.3, 130.7, 131.5, 134.4, 135.5, 138.3, 143.3, 146.1, 151.6, 152.5, 157.2, 166.6, 180.4; MS (ESI): m/z 476 [M-H]$^+$ ".

Estrutura do composto 115

(E)-3-(8-(benzo[d]thiazol-2-yl)-2-chloro-5,6-dimethoxyquinolin-3-yl)-1-(1-((4-metho xy-3,5-dinitrophenyl)sulfonyl)-1H-pyrazol-5-yl)prop-2-en-1-one (117a):   A

O composto **115** (100 mg, 0,21 mmol) foi solúvel em 60 mL de acetonitrilo seco, seguido da adição de cloreto de 4-metoxi-3,5-dinitrobenzeno-1-sulfonilo (**116a**) (62 mg, 0,21 mmol) e Cs2CO3 (1,37 mg, 0,42 mmol). A mistura reacional foi agitada a 28° C durante 6 horas. Após confirmação do progresso da reação, a mistura foi lavada com água e extraída com diclorometano, seca sobre Na2SO4 anidro e o produto bruto foi purificado por cromatografia em coluna com acetato de etilo/hexano (8:2) para obter o composto puro **117a** em 98,2 mg, 63% de rendimento. Mp: 360-362oC, "1H NMR (300 MHz, *DMSO-d6*): δ 3,77 (*s,* 3H), 3,97 (s, 3H), 4,08 (s, 3H), 6,69-6,74 (m, 2H), 7,52-7,58 (m, 2H), 7,65-7,68 (m, 2H), 7,84 (d, 1H, J = 8.2 Hz), 7,88 (d, 1H, J = 15,8 Hz), 7,96 (s, 1H), 8,23 (s, 2H), 8,82 (s, 1H);^{13} C RMN (75 MHz, *DMSO-d6*): £57.2, 57.6, 58.3, 107.4, 111.5, 116.5, 120.2, 122.4, 123.2, 123.6, 125.5, 129.4, 129.7, 130.3, 130.7, 131.5, 134.5, 135.3, 135.7, 141.2, 143.3, 143.8, 146.2, 150.2, 151.6, 152.7, 157.2, 166.6, 180.3; MS (ESI): m/z 737 [M+H]$^+$ ".

Estrutura do composto 117a

(E)-3-(8-(benzo[d]thiazol-2-yl)-2-chloro-5,6-dimethoxyquinolin-3-yl)-1-(1-((3,5-dinitrophenyl)sulfonyl)-1H-pyrazol-5-yl)prop-2-en-1-one (117b): O composto **117b** foi sintetizado segundo o método utilizado para a síntese do composto **117a**, empregando **115** (100 mg, 0,21 mmol) com cloreto de 3,5-dinitrobenzeno-1-sulfonilo (**116b**) (56 mg, 0,21 mmol), Cs2CO3 (1,37 mg, 0,42 mmol) e o crude foi purificado por cromatografia em coluna empregando acetato de etilo/hexano (8:2) para obter o composto puro **117b**, 105 mg em 71% de rendimento. Mp: 369-371° C, "1H NMR (300 MHz, DMSO-*d6*): 83,79 (s, 3H), 3,98 (s, 3H), 6,72-6,77 (m, 2H), 7,53-7,60 (m, 2H), 7,66-7,69 (m, 2H), 7,85 (d, 1H, J = 8.2 Hz), 7,89 (d, 1H, J = 15,8 Hz), 7,96 (s, 1H), 8,75 (s, 1H), 8,80-8,87 (m, 3H);^{13} C RMN (75 MHz, *DMSO-d6*): δ 57.4, 57.7, 107.4, 111.3, 116.3, 116.8, 120.4, 122.5, 123.6, 123.8, 125.6, 129.2, 129.6, 130.4, 130.8, 131.5, 134.5, 135.6, 135.8, 143.2, 143,7, 146,0, 151,6, 152,7, 157,2, 165,4, 166,5, 180,5; MS (ESI): m/z 707 [M+H]$^+$ ".

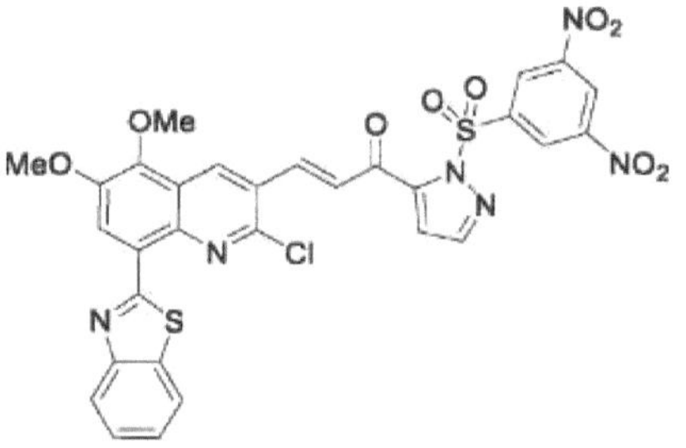

Structure of compound 117b

(E)-3-(8-(benzo[d]thiazol-2-yl)-2-chloro-5,6-dimethoxyquinolin-3-yl)-1-(1-((4-nitro phenyl)sulfonyl)-1H-pyrazol-5-yl)prop-2-en-1-one (117c): O composto **117c** foi sintetizado segundo o método utilizado para a síntese do composto **117a**, empregando **115** (100 mg, 0,21 mmol) com cloreto de 4-nitrobenzeno-1-sulfonilo (**116c**) (47 mg, 0,21 mmol), Cs2CO3 (1,37 mg, 0,42 mmol) e o crude foi purificado por cromatografia em coluna empregando acetato de etilo/hexano (8:2) para obter o composto puro **117c**, 110 mg em 79% de rendimento. Mp: 300-302° C, "1H NMR (300 MHz, DMSO- *d6*): 83,79 (s, 3H), 3,98 (s, 3H), 6,72-6,77 (m, 2H), 7,54-7,61 (m, 2H), 7,66-7,69 (m, 2H), 7,85 (d, 1H, J = 8.2 Hz), 7,89 (d, 1H, J = 16,0 Hz), 7,96 (s, 1H), 8,12-8,18 (m, 4H), 8,85 (s, 1H);[13] C RMN (75 MHz, *DMSO-d6*): 857.3, 57.6, 107.4, 111.5, 119.5, 121.3, 123.6, 124.8, 124.2, 126.3, 129.3, 129.6, 130.2, 130.7, 131.5, 131.8, 134.2, 135.2, 135.7, 143.3, 143.7, 146.2, 151.5, 152.4, 157.5, 165.4, 166.5, 180.5; MS (ESI): m/z 662 [M+H]$^+$ ".

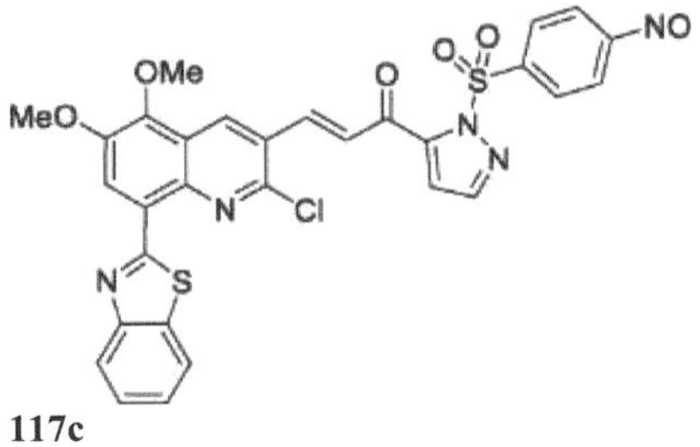

Estrutura do composto 117c

(E)-4-((5-(3-(8-(benzo[d]tiazol-2-il)-2-cloro-5,6-dimetoxiquinolin-3-il)acriloil)-1H-pirazol-1-il)sulfonil)benzonitrilo (117d): Este composto **117d** foi sintetizado utilizando o método utilizado para a síntese do composto **117a**, empregando **115** (100 mg, 0,21 mmol) com cloreto de 4-cianobenzeno-1-sulfonilo (**116d**) (42 mg, 0,21 mmol), Cs2CO3 (1,37 mg, 0,42 mmol) e o crude foi purificado através de cromatografia em coluna empregando acetato de etilo/hexano (8:2) para obter o composto puro **117d**, 114 mg em 85% de rendimento. Mp: 310-312oC, "1H NMR (300 MHz, *DMSO-d6*): *83,79 (s,* 3H), 3,98 (s, 3H), 6,72-6,77 (m, 2H), 7,54-7,61 (m, 2H), 7,66-7,69 (m, 2H), 7,85 (d, 1H, J = 8.2 Hz), 7.89 (d, 1H, J = 16.0 Hz), 7.96 (s, 1H), 8.04-8.11 (m, 4H), 8.84 (s, 1H);[13] C RMN (75 MHz, *DMSO-d6*): 857.4, 57.8, 107.4, 111.3, 111.7, 119.5, 120.6, 122.5, 123.3, 123.7, 125.3, 128.4, 129.2, 129.6, 130.5, 130.8, 131.5, 133.4, 134.7, 135.4, 135.8, 143.2, 143.7, 146.2, 151.6, 152.5, 157.4, 166.6, 180.5; MS (ESI):m/z 642 [M+H]$^+$ ".

Structure of compound 117d

(E)-3-(8-(benzo[d]thiazol-2-yl)-2-chloro-5,6-dimethoxyquinolin-3-yl)-1-(1-((4-chloro phenyl)sulfonyl)-1H-pyrazol-5-yl)prop-2-en-1-one (117e): Este composto **117e** foi sintetizado pelo método utilizado para a síntese do composto **117a**, empregando **115** (100 mg, 0,21 mmol) com cloreto de 4-clorobenzeno-1-sulfonilo (**116e**) (44 mg, 0,21 mmol), Cs2CO3 (1,37 mg, 0,42 mmol) e o crude foi purificado por cromatografia em coluna empregando acetato de etilo/hexano (8:2) para obter o composto puro **117e**, 89,5 mg em 63% de rendimento. Mp: 314-316° C, "1H NMR (300 MHz, DMSO- *d6*): 83,79 (s, 3H), 3,98 (s, 3H), 6,72-6,76 (m, 2H), 7,54-7,61 (m, 2H), 7,67-7,76 (m, 4H), 7,81 (d, 2H, J = 7,7 Hz), 7.86 (d, 1H, J = 8.2 Hz), 7.89 (d, 1H, J = 16.0 Hz), 7.97 (s, 1H), 8.85 (s, 1H);[13] C RMN (75 MHz, *DMSO-d6*): £57.5, 57.8, 107.1, 111.6, 120.3, 122.5, 123.2, 123.7, 125.5, 128.3, 129.3, 129.6, 130.3, 130.6, 131.5, 131.8, 134.4, 134.7, 135.5, 135.8, 143.2, 143.6, 146.2, 151.6, 152.5, 157.4, 166.6, 170.9; MS (ESI): m/z 650 [M- H]$^+$ ".

Estrutura do composto 117e

(E)-3-(8-(benzo[d]thiazol-2-yl)-2-chloro-5,6-dimethoxyquinolin-3-yl)-1-(1-((4-bromo phenyl)sulfonyl)-1H-pyrazol-5-yl)prop-2-en-1-one (117f): Este composto **117f** foi sintetizado pelo método utilizado para a síntese do composto **117a**, empregando **115** (100 mg, 0,21 mmol) com cloreto de 4-bromobenzeno-1-sulfonilo (**116f**) (54 mg, 0,21 mmol), Cs2CO3 (1,37 mg, 0,42 mmol) e o crude foi purificado por cromatografia em coluna empregando acetato de etilo/hexano (8:2) para obter o composto puro **117f**, 121,2 mg em 83% de rendimento. Mp: 322-324° C, "1H NMR (300 MHz, DMSO- *d6*): 83,79 (s, 3H), 3,98 (s, 3H), 6,72-6,76 (m, 2H), 7,54-7,61 (m, 2H), 7,66-7,77 (m, 4H), 7,82 (d, 2H, J = 7,8 Hz), 7.87 (d, 1H, J = 8,2 Hz), 7,91 (d, 1H, J = 16,0 Hz), 7,97 (s, 1H), 8,85 (s, 1H);[13] C RMN (75 MHz, *DMSO-d6*): £56.0, 56.0, 106.8, 110.6, 119.6, 121.5, 122.0, 122.2, 122.3, 124.5, 127.3, 129.4, 129.7, 130.5, 130.8, 131.5, 133.9, 134.4, 135.2, 135.7, 143.4, 143.8, 146.2, 151.5, 152.6, 157.4, 166.6, 180.6; MS (ESI):m/z 695 [M- H]$^+$ ".

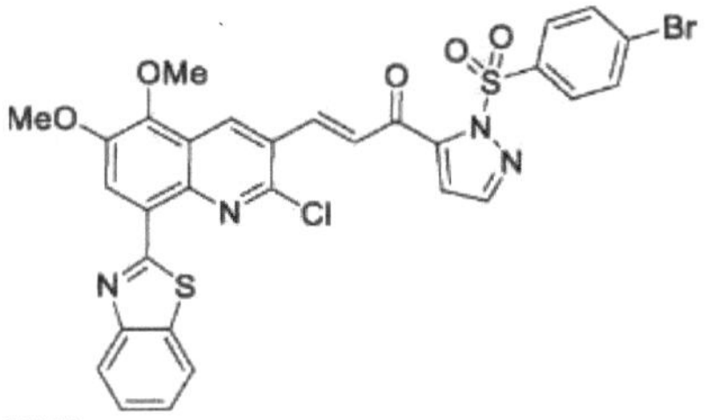

Estrutura do composto 117f

(E)-3-(8-(benzo[d]thiazol-2-yl)-2-chloro-5,6-dimethoxyquinolin-3-yl)-1-(1-((3,5-dichlorophenyl)sulfonyl)-1H-pyrazol-5-yl)prop-2-en-1-one (117g): Este composto **117g** foi sintetizado pelo método utilizado para a síntese do composto **117a**, empregando **115** (100 mg, 0,21 mmol) com cloreto de 3,5-diclorobenzeno-1-sulfonilo **(116g)** (52 mg, 0,21 mmol), Cs2CO3 (1,37 mg, 0,42 mmol) e o crude foi purificado por cromatografia em coluna empregando acetato de etilo/hexano (8:2) para obter o composto puro **117g**, 96,5 mg em 67% de rendimento. Mp: 345-347° C, "₁H NMR (300 MHz, DMSO-*d6*): 83,79 (s, 3H), 3,98 (s, 3H), 6,72-6,76 (m, 2H), 7,54-7,61 (m, 2H), 7,65-7,71 (m, 3H), 7,76 (s, 2H), 7.87 (d, 1H, J = 8,2 Hz), 7,91 (d, 1H, J = 16,0 Hz), 7,97 (s, 1H), 8,85 (s, 1H);[13] C RMN (75 MHz, *DMSO-d6*): £57.5, 57.8, 107.4, 111.4, 120.6, 122.5, 123.5, 123.9, 125.5, 126.4, 128.2, 128.9, 129.3, 129.6, 130.2, 130.7, 131.5, 134.4, 135.5, 135.8, 143.6, 143.8, 146.4, 151.6, 152.5, 157.2, 166.6, 180.5; MS (ESI):m/z 685 [M-H]$^{+}$ ".

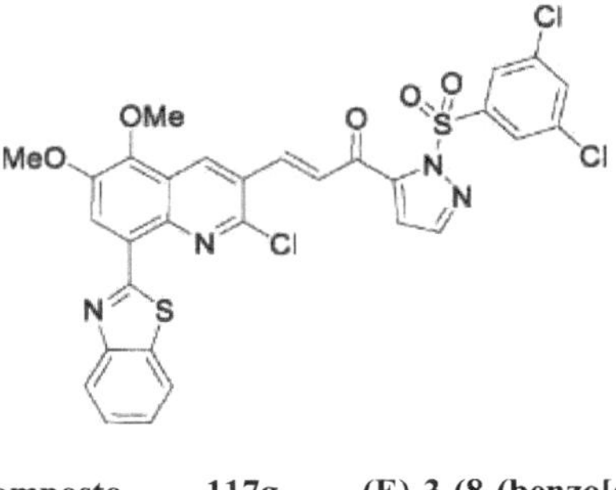

Estrutura do composto 117g (E)-3-(8-(benzo[d]tiazol-2-il)-2-cloro-5,6-dimetoxiquinolina-3-il)-1-(1-((4-metoxifenil)sulfonil)-1H-pirazol-5-il)prop-2-en-1-ona (117h): Este composto **117h** foi sintetizado pelo método utilizado para a síntese do composto **117a**, empregando **115** (100 mg, 0,21 mmol) com cloreto de 4-metoxibenzeno-1-sulfonilo **(116h)** (43 mg, 0,21 mmol), Cs2CO3 (1,37 mg, 0,42 mmol) e o crude foi purificado através de cromatografia em coluna empregando acetato de etilo/hexano (8:2) para obter o composto puro **117h**, 108 mg em 79% de rendimento. Mp: 319-321° C, "₁H NMR (300 MHz, DMSO-*d6*): 83.79 (s, 3H), 3.90 (s, 3H), 3.98 (s, 3H), 6.72-6.76 (m, 2H), 7.13 (d, 2H, J = 7.5 Hz), 7.44 (d, 2H, J = 7.5 Hz), 7.54-7.61 (m, 2H), 7.65-7.70 (m, 2H), 7.85 (d, 1H, J = 8.2 Hz), 7.90 (d, 1H, J = 15.8 Hz), 7.96 (s, 1H), 8.85 (s, 1H);[13] C NMR (75 MHz, *DMSO-d6*): 8 57.3, 57.7, 58.4, 107.5, 111.3, 115.5, 120.6, 122.5, 123.5, 123.9, 125.4, 129.3, 129.7, 130.5, 130.8, 131.3, 131.7, 132.5, 134.6, 135.5, 135.8, 143.3, 143.7, 146.2, 151.6, 152.3, 157.2, 160.5, 166.5, 180.4; MS (ESI):m/z 647 [M+H]$^{+}$ ".

Estrutura do composto 117h

(E)-3-(8-(benzo[d]thiazol-2-yl)-2-chloro-5,6-dimethoxyquinolin-3-yl)-1-(1-((3,5-dimethoxyphenyl)sulfonyl)-1H-pyrazol-5-yl)prop-2-en-1-one (117i): Este composto **117i** foi sintetizado pelo método utilizado para a síntese do composto **117a**, empregando **115** (100 mg, 0,21 mmol) com cloreto de 3,5-dimetoxibenzeno-1-sulfonilo (**116i**) (50 mg, 0,21 mmol), Cs2CO3 (1,37 mg, 0,42 mmol) e o crude foi purificado por cromatografia em coluna empregando acetato de etilo/hexano (8:2) para obter o composto puro **117i**, 122 mg em 86% de rendimento. Mp: 330-332° C, "1H NMR (300 MHz, $_{DMSO-d6}$): £ 3,72 (s, 6H), 3,79 (s, 3H), 3,98 (s, 3H), 6,72-6,76 (m, 2H), 6,86 (s, 1H), 7.48 (s, 2H), 7.54-7.61 (m, 2H), 7.65-7.70 (m, 2H), 7.85 (d, 1H, J = 8.2 Hz), 7.90 (d, 1H, J = 15.9 Hz), 7.96 (s, 1H), 8.85 (s, 1H);[13] C NMR (75 MHz, $_{DMSO-d6}$): £57.5, 57.8, 102.4, 107.6, 108.4, 111.6, 120.5, 122.5, 123.3, 123.7, 125.5, 129.4, 129.9, 130.4, 134.5, 135.4, 135.8, 143.4, 143.8, 146.6, 151.6, 152.5, 157.4, 162.3, 166.5, 180.5; MS (ESI):m/z 677 [M+H]$^+$ ".

Estrutura do composto 117i

(E)-3-(8-(benzo[d]thiazol-2-yl)-2-chloro-5,6-dimethoxyquinolin-3-yl)-1-(1-tosyl-1H-pyrazol-5-yl)prop-2-en-1-one (117j): Este composto **117j** foi sintetizado pelo método utilizado para a síntese do composto **117a**, empregando **115** (100 mg, 0,21 mmol) com cloreto de 4-metilbenzeno-1-sulfonilo (**116j**) (40 mg, 0,21 mmol), Cs2CO3 (1,37 mg, 0,42 mmol) e o crude foi purificado por cromatografia em coluna empregando acetato de etilo/hexano (8:2) para obter o composto puro **117j**, 110 mg em 83% de rendimento. Mp: 311-313° C, "1H NMR (300 MHz, $_{DMSO-d6}$): 82,36 (s, 3H), 3,79 (s, 3H), 3,98 (s, 3H), 6,72-6,76 (m, 2H), 7,35 (d, 2H, J = 7,6 Hz), 7,50-7,61 (m, 4H), 7,677.72 (m, 2H), 7.85 (d, 1H, J = 8.2 Hz), 7.90 (d, 1H, J = 15.9 Hz), 7.95 (s, 1H), 8.83 (s, 1H);[13] C RMN (75 MHz, $_{DMSO-d6}$): £ 27.4, 57.4, 57.8, 107.4, 111.6, 120.3, 122.5, 123.3, 123.6, 125.5, 128.4, 129.3, 129.7, 130.4, 130.7, 134.5, 135.6, 135.8, 142.5, 143.2, 143.7, 146.2, 151.4, 152.6, 157.5, 166.4, 180.5; MS (ESI):m/z 631 [M+H]$^+$ ".

Estrutura do composto 117j

Ensaio MTT:

Protocolo do ensaio MTT já incorporado no capítulo - III.

4.4. Conclusão

Em resumo, concebemos e preparámos uma biblioteca de derivados sulfonamídicos de benzotiazol-Quinolina-Pirazol e examinámos a sua atividade anticancerígena em quatro linhas celulares cancerígenas, provavelmente PC3, A549, MCF-7 e DU-145. Entre eles, o composto **117i**, rico em electrões na fração fenil, apresentou uma maior propriedade anticancerígena em todas as linhas celulares (PC3=0,11±0,068 pM; A549=0,18±0,063 pM; MCF-7= 0,52±0,074 pM e DU-145=0,17±0,082 pM).

4.5. Referências

1.   Huang XF, Lu X, Zhang Y, Song GQ, He QL, Li QS, Yang XH, Wei Y e Zhu HL. *Bioorg. Med. Chem.*, **2012**, *20*, 4895-4900.

2.   Li X, Lu X, Xing M, Yang XH, Zhao TT, Gong HB e Zhu HL. *Bioorg. Med. Chem. Lett.*, **2012**, *22*, 3589-3593.

3.   Yamamoto S, Tomita N, Suzuki Y, Suzaki T, Kaku T, Hara T, Yamaoka M, Kanzaki N, Hasuoka A, Baba A, e Ito M. *Bioorg. Med. Chem.*, **2012**, *20*, 23382352.

4.   Srivastava BK, Joharapurkar A, Raval S, Patel JZ, Soni R, Raval P, Gite A, Goswami A, Sadhwani N, Gandhi N, Patel H, Mishra B, Solanki M, Pandey B, Jain MR e Patel PR. *J. Med. Chem.*, **2007**, *50*, 5951-5966.

5.   Dekhane DV, Pawar SS, Gupta S, Shingare MS, Patil CR, e Thore SN. *Bioorg. Med. Chem. Lett,* **2011**, *19*, 6527-6532.

6.   Xu LL, Zheng CJ, Sun LP, Miao J, e Piao HR. *Eur. J. Med. Chem.*, **2012**, *48*, 174-178.

7.   Iovu M, Zalaru C, Dumitrascu F, Draghici C, Moraru M, e Criste E. *Il Farmaco*, **2003**, *58*, 301-307.

8.   Mowbray CE, Burt C, Corbau R, Perros M, Tran I, Stupple PA, Webster R, e Wooda A. *Bioorg. Med. Chem. Lett,* **2009**, *19*, 5599-5602.

9.   Souza FR, Souza VT, Ratzlaff V, Borges LP, Oliveira MR, Bonacorso HG, Zanatta N, Martins MAP, e Mello CF. *Eur. J. Pharma*, **2002**, *451*, 141-147.

10. Argentieri DC, Ritchie DM, Ferro MP, Kirchner T, Wachter MP, Anderson DW, Rosenthale ME, e Capetola RJ. *J. Pharmacol. Exp. Ther.*, **1994**, *271*, 13991408.

11. Hansch C, Sammes PG, e Taylor JB. *Comprehensive Medicinal Chemistry*, Vol. 2, Pergamon Press: Oxford **1990**, Cap. 7.1.

12. Roush WR, Gwaltney SL, Cheng J, Scheidt KA, McKerrow JH, e Hansell E. *J. Am. Chem. Soc.*, **1998**, *120*, 10994-10995.

13. Thaisrivongs S, Janakiraman MN, Chong KT, Tomich PK, Dolak LA, Turner SR, Strohbach JW, Lynn JC, Horng MM, Hinshaw RR e Watenpaugh KD. *J. Med. Chem.*, **1996**,

39, 2400-2410.

14. Chibale K, Haupt H, Kendrick H, Yardley V, Saravanamuthu A, Fairlamb A H, e Croft SL. *Bioorg. Med. Chem. Lett.,* **2001,** *11,* 2655-2657.

15. Supuran CT, e Scozzafava A. *Expert. Opin. Ther. Pat.,* **2000,** *10,* 575-600.

16. Hu B, Ellingboe J, Han S, Largis E, Lim K, Malamas M, Mulvey R, Niu C, Oliphant A, Pelletier J, Singanallore T, Sum FW, Tillett J e Wong V. *Bioorg. Med. Chem.,* **2001,** *8,* 2045-2059.

17. Ezabadi RI, Camoutsis C, Zoumpoulakis P, Geronikaki A, Sokovic M, Glamocilija J, e Ciric A. *Bioorg. Med. Chem.,* **2008,** *16,* 1150-1161.

18. Liu T, Xing S, Du J, Wang M, Han J e Li Z. *Bioorg. Chem.,* **2021,** *114,* 105037.

19. Owa T, e Nagasu T. *Exp. Opin. Ther. Patents,* **2000,** *10,* 1725-1740.

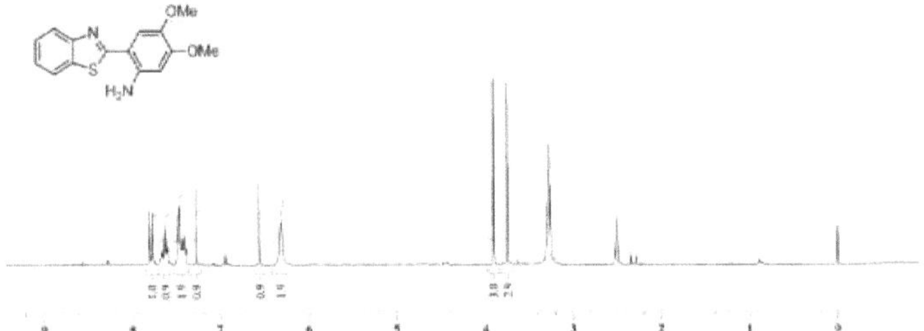

¹Espectro de RMN de H do composto 111 em *DMSO-d6* (400 MHz)

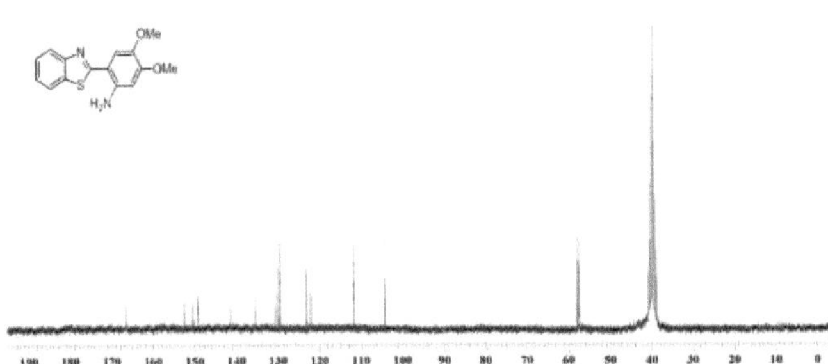

¹³Espectro de RMN de C do composto 111 em *DMSO-d6* (100 MHz)

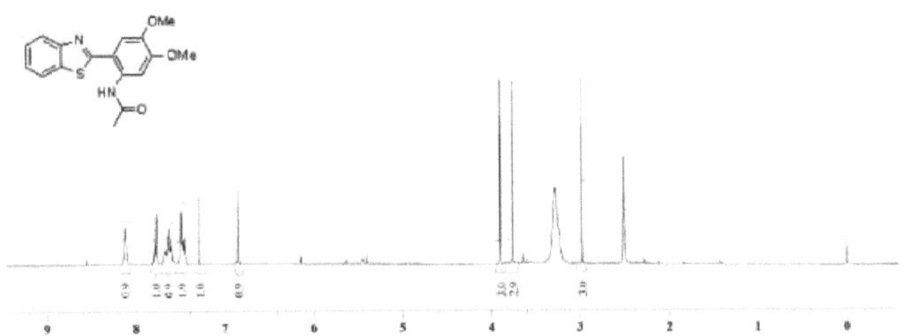

¹Espectro de RMN de H do composto 112 em *DMSO-d6* (400 MHz)

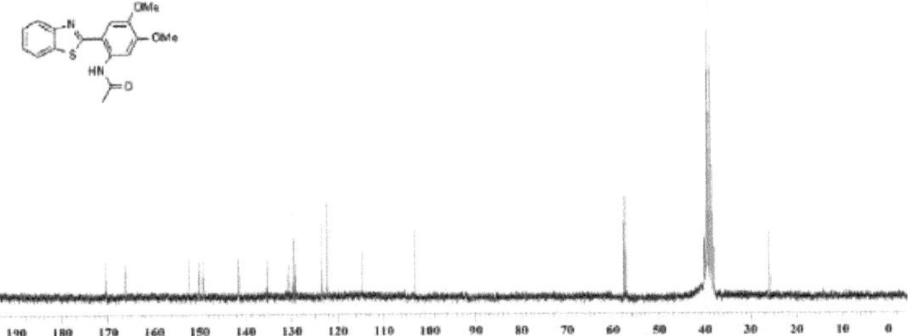

¹³Espectro de RMN de C do composto 112 em *DMSO-d6* (100 MHz)

91

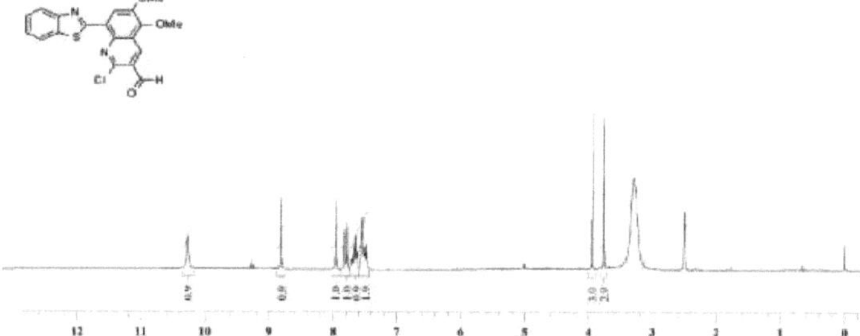

¹Espectro de RMN de H do composto 113 em *DMSO-d6* (400 MHz)

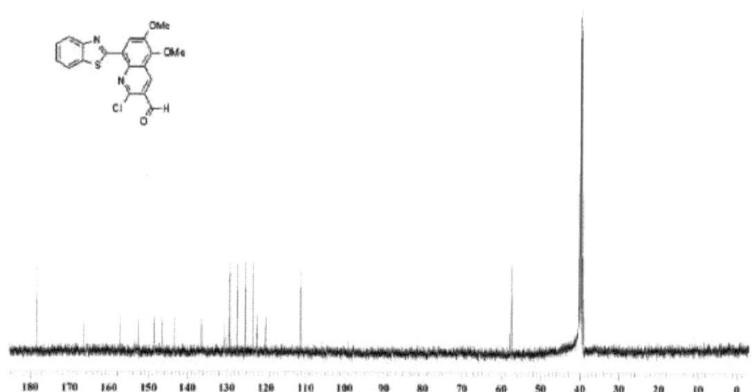

¹³Espectro de RMN de C do composto 113 em *DMSO-d6* (100 MHz)

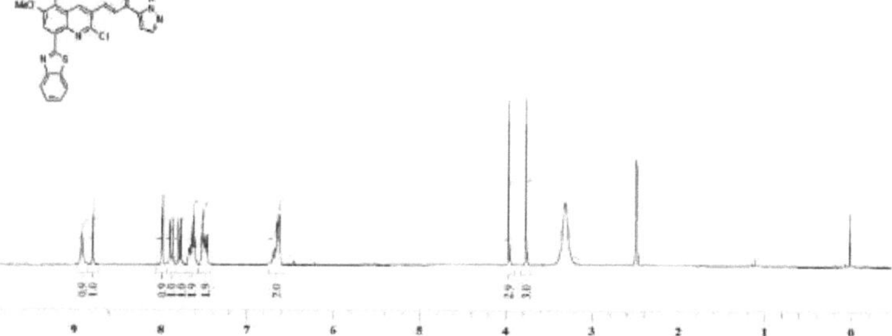

¹Espectro de RMN de H do composto 115 em *DMSO-d6* (400 MHz)

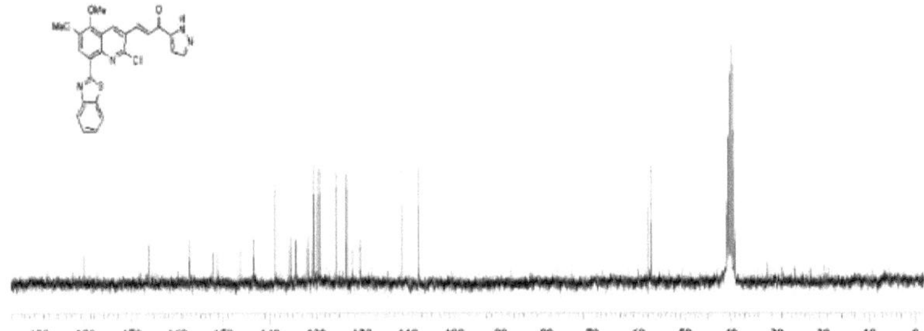

¹³**Espectro de RMN de C do composto 115 em** *DMSO-d6* **(100 MHz)**

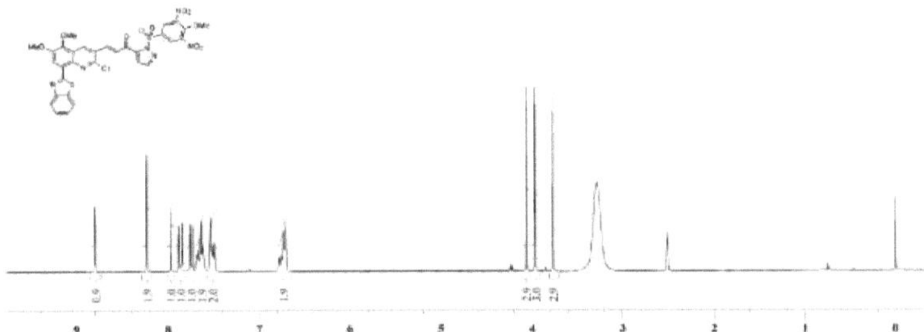

¹**Espectro de RMN de H do composto 117a em** *DMSO-d6* **(300 MHz)**

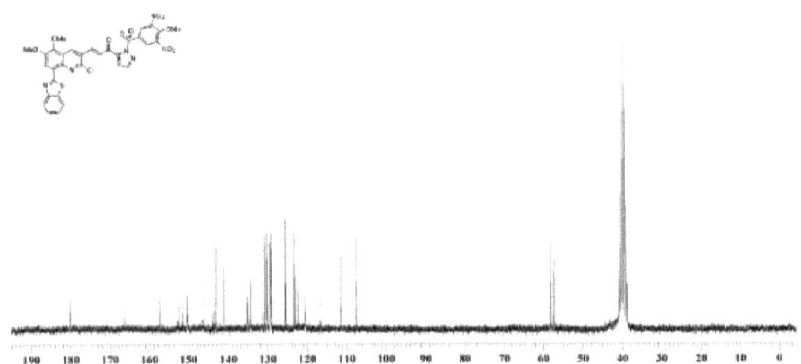

¹³**Espectro de RMN de C do composto 117a em** *DMSO-d6* **(75 MHz)**

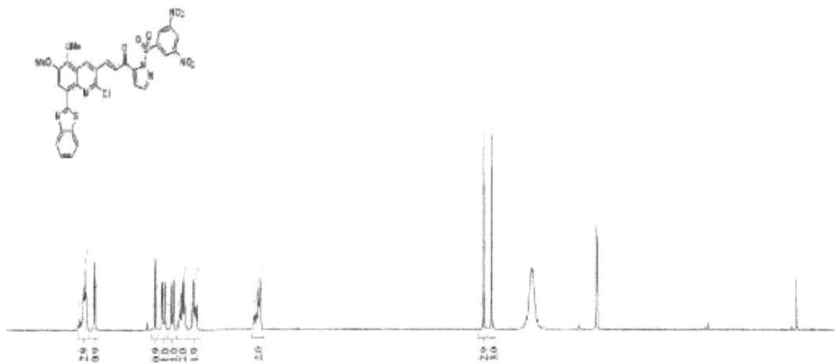

¹Espectro de RMN de H do composto 117b em *DMSO-d6* (300 MHz)

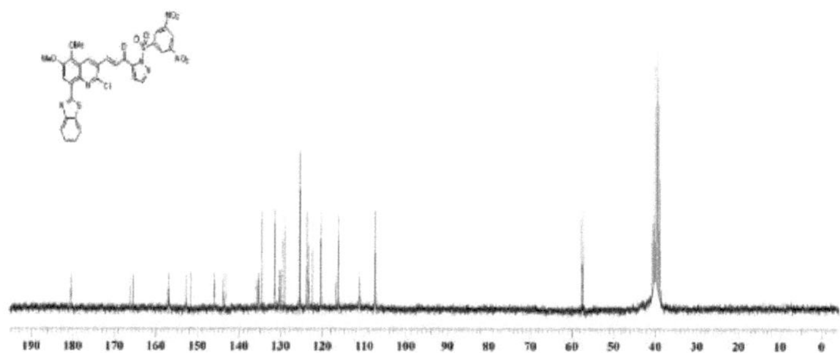

¹³Espectro de RMN de C do composto 117b em *DMSO-d6* (75 MHz)

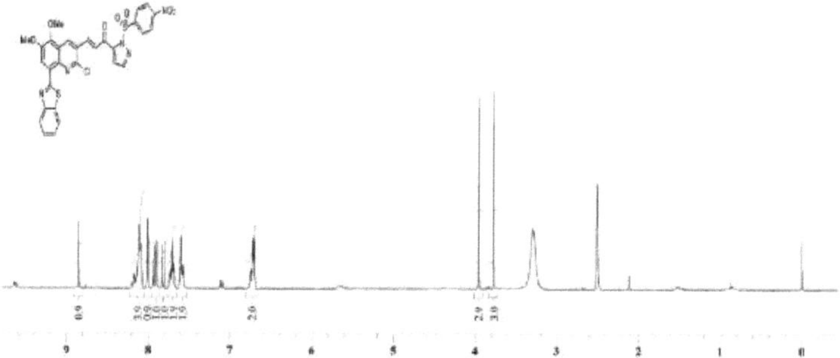

¹Espectro de RMN de H do composto 117c em *DMSO-d6* (300 MHz)

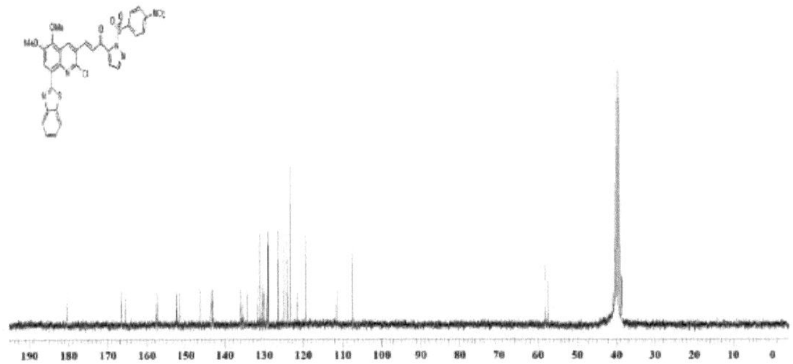

¹³Espectro de RMN de C do composto 117c em *DMSO-d6* (75 MHz)

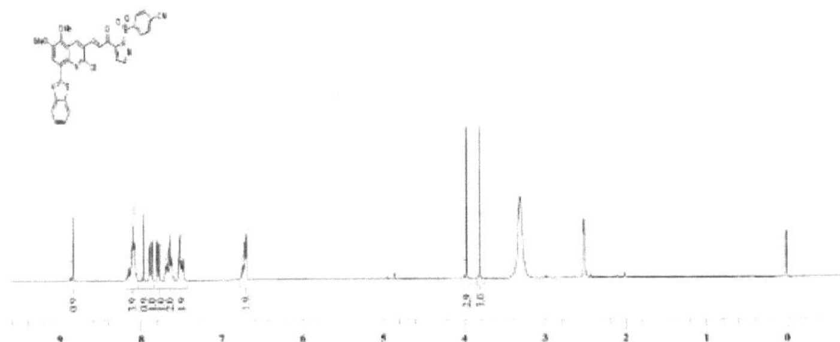

¹Espectro de RMN de H do composto 117d em *DMSO-d6* (300 MHz)

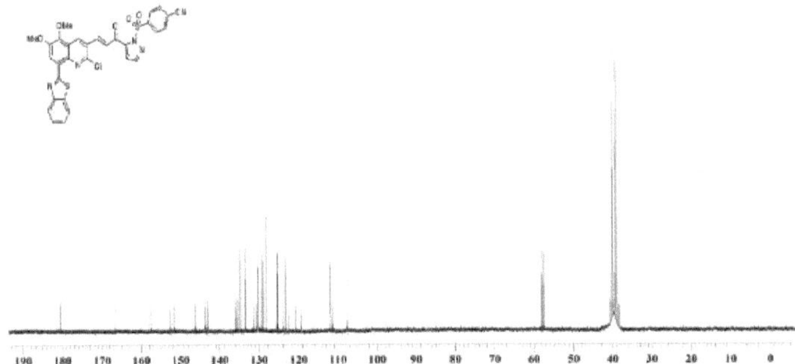

¹³Espectro de RMN de C do composto 117d em *DMSO-d6* (75 MHz)

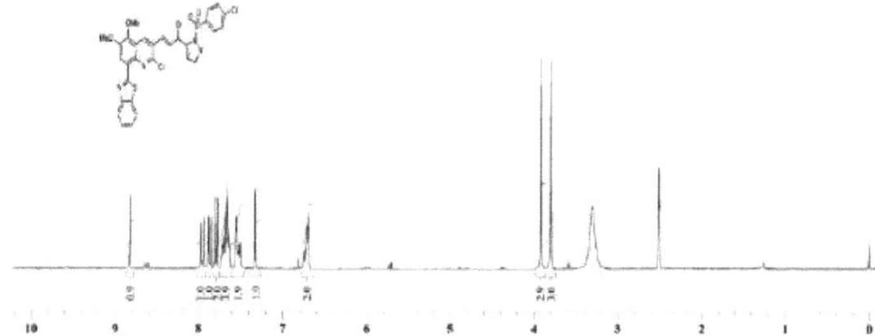

¹Espectro de RMN de H do composto 117e em *DMSO-d6* (300 MHz)

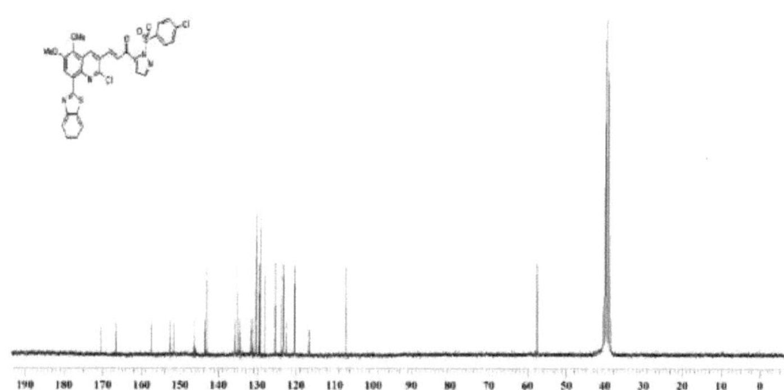

¹³Espectro de RMN de C do composto 117e em *DMSO-d6* (75 MHz)

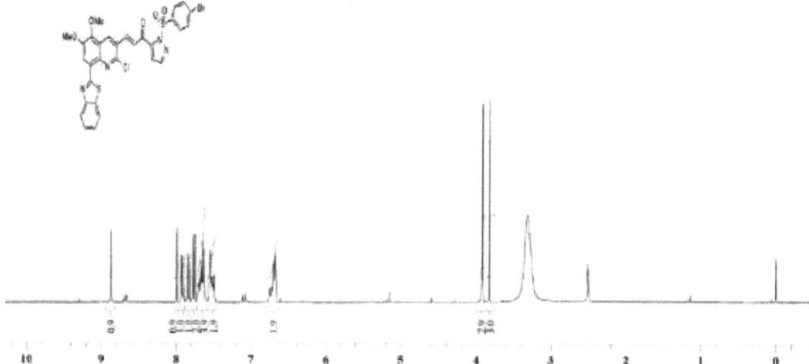

¹Espectro de RMN de H do composto 117f em *DMSO-d6* (300 MHz)

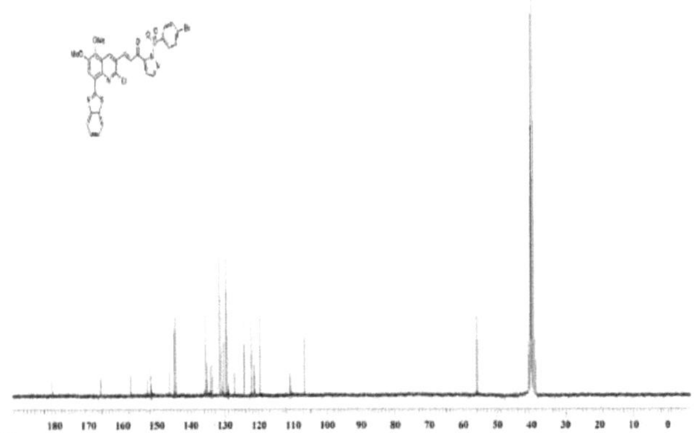

¹³Espectro de RMN de C do composto 117f em *DMSO-d6* **(75 MHz)**

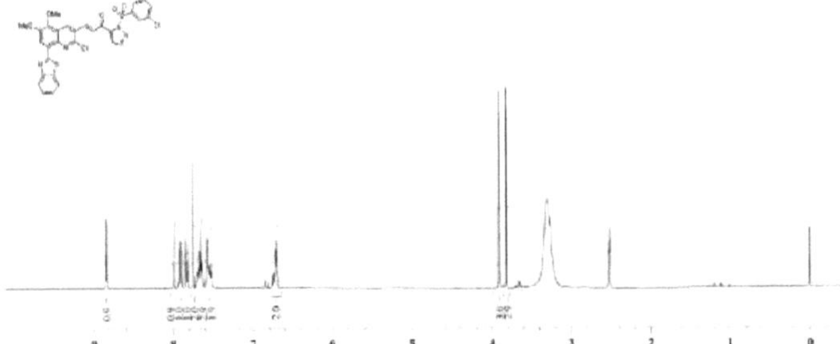

¹Espectro de RMN de H do composto 117g em *DMSO-d6* **(300 MHz)**

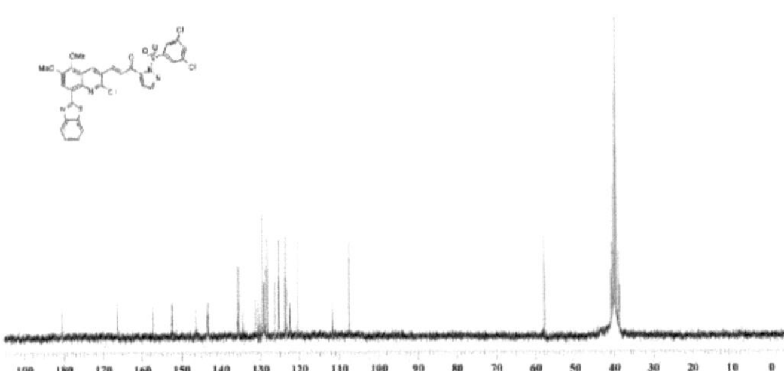

¹³Espectro de RMN de C do composto 117g em *DMSO-d6* **(75 MHz)**

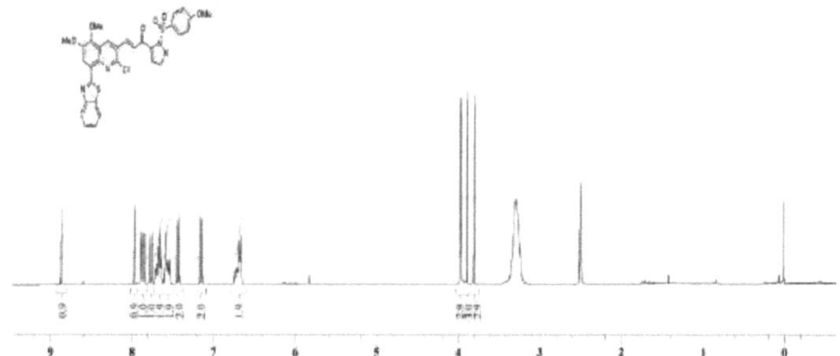

¹Espectro de RMN de H do composto 117h em *DMSO-d6* **(300 MHz)**

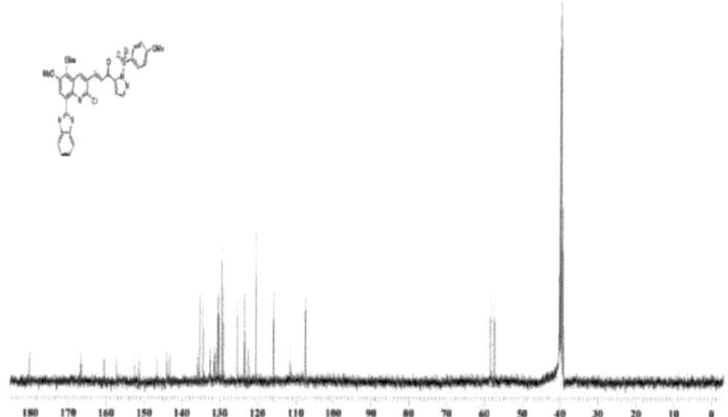

¹³Espectro de RMN de C do composto 117h em *DMSO-d6* **(75 MHz)**

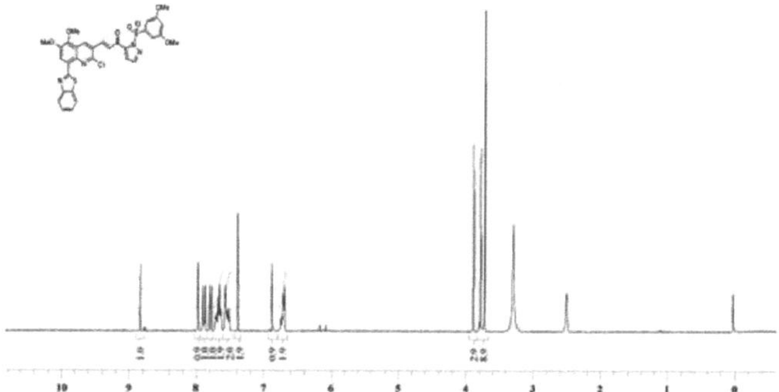

¹Espectro de RMN de H do composto 117i em *DMSO-d6* **(300 MHz)**

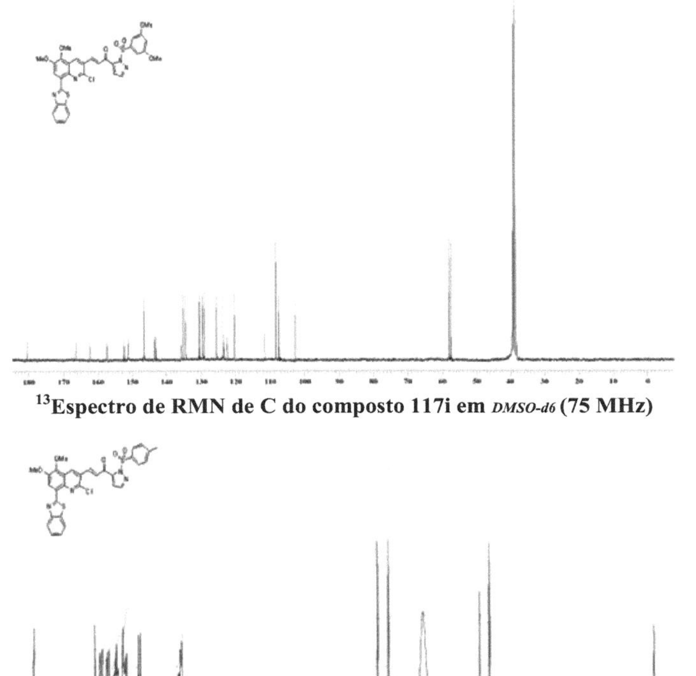

^{13}Espectro de RMN de C do composto 117i em *DMSO-d6* (75 MHz)

^{1}Espectro de RMN de H do composto 117j em *DMSO-d6* (300 MHz)

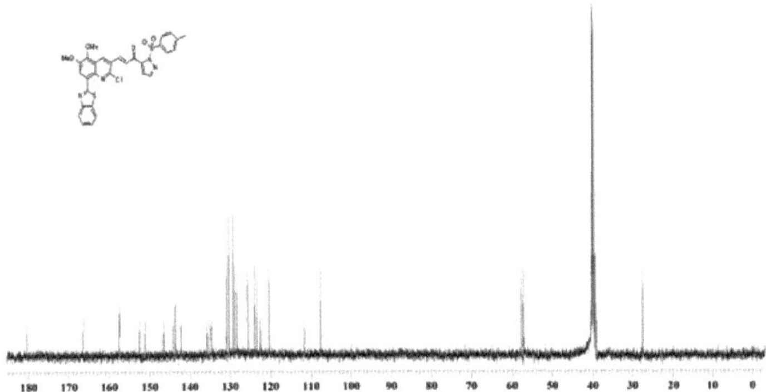

^{13}Espectro de RMN de C do composto 117j em *DMSO-d6* (75 MHz)

Capítulo - V

5.1. Resumo

Os macrólidos são lactonas de anel cíclico que são isoladas de fontes naturais como plantas e esponjas, etc. Entre eles, o pirenoforol, um diolídeo de dezasseis membros, foi previamente isolado do fungo *Byssochlamysnivea* e, subsequentemente, encontrado em *Stemphyliumradicinum, Alternaria alternata, Drechslera avenae* e *Phoma* sp. Os compostos heteroaromáticos desempenham um papel caraterístico na conceção e preparação de medicamentos potentes.

A nossa tese descreve a síntese total estereosselectiva do (-)-pirenoforol e descreve também a síntese e avaliação anticancerígena de derivados sulfonamídicos do Benzotiazol-Quinolina-Pirazol e de derivados 2-(5-(Benzo[d]tiazol-2-il)-1H-imidazol-1-il)-5-aril-1H-benzo[d]imidazol.

Capítulo 1: O Capítulo 1 aborda a classificação dos antibióticos macrólidos como compostos com 13 membros, 14 membros, 15 membros e 16 membros com exemplos adequados. Este capítulo também apresenta os dados estatísticos sobre o cancro em todo o mundo. São explicados diferentes candidatos potentes a anticancerígenos de derivados de benzimidazol, benzotiazol e sulfonamida, devido às suas actividades anticancerígenas contra um painel de diferentes linhas celulares de cancro humano.

Capítulo 2: O Capítulo 2 aborda a síntese total estereosselectiva do (-) - (5S, 8R, 13S, 16R)-pirenoforol. A síntese total estereosselectiva do (-) - (5S, 8R, 13S, 16R)-*pirenoforol* foi iniciada a partir do epóxido de (*S*)-*propileno*. Assim, o epóxido **50**, após reação com cloreto de alilo e magnésio em éter e subsequente sililação do álcool secundário **51** com TBSCl e imidazol em CH2Cl2, produziu **52** com um rendimento de 70 %. A ozonólise de **52** em CH2Cl2 a -78 °C durante 30 min deu o aldeído correspondente, que, após olefinação subsequente com (etoxicarbonilmetileno)trifenilfosforano em CH2Cl2 à temperatura ambiente durante 4 h, forneceu **49** com um rendimento de 72%. A di-hidroxilação assimétrica sem cortes[18] do éster **49** utilizando AD-mix-a na presença de metanossulfonamida em t-BuOH/H2O (1:1) a 0 °C durante 24 h produziu o diol **53** com um rendimento de 92%. Em seguida, o diol **53** resultante foi tratado com 2,2-dimetoxi propano na presença de cat. PTSA em CH2Cl2 durante 1 h, obteve-se a acetonida **54 com um rendimento de** 75 %. A redução do éster em **54 com** DIBAL-H em Cll.'Cl.' seco a 0 °C durante 1 h permitiu obter o álcool **55 com um rendimento de** 77%. Em seguida, o álcool **55** foi convertido em iodeto **56** utilizando I2 na presença de PPh3 e imidazol. O iodeto **56**, que, após fragmentação redutora com pó de Zn em etanol, forneceu o álcool **S-alílico 57 com um rendimento de** 76%. Mais tarde, após tratamento com NaH e brometo de p-metoxi-benzilo a 0 °C, obteve-se o éter PMB **58 com um rendimento de** 79%. A olefina **58** acima obtida foi submetida a metátese cruzada com acrilato de etilo utilizando o catalisador Grubb's II em CH2Cl2 à temperatura de refluxo durante 12 h, obtendo-se o éster *trans* - a, B-insaturado **59 com um rendimento de** 67%. A hidrólise do éster **59** com LiOH em THF:MeOH:H2O (3:1:1) à temperatura ambiente durante 4 h produziu o ácido **60 com um rendimento de** 76%. Além disso, a dessililação de **60** com TBAF em THF seco produziu o hidroxiácido **48 com um rendimento** de 82%. O hidroxiácido **48** resultante foi submetido a ciclodimerização nas condições de Mitsunobu, de acordo com o procedimento de Gerlach. Assim, uma solução razoavelmente diluída do ácido hidroxílico **48** em tolueno-THF (10:1) foi tratada com Ph3P e DEAD a -25° C durante 10 h. A ciclodimerização teve lugar com inversão completa da quiralidade em C-4 para fornecer **61**

com um rendimento de 59%. Finalmente, a lactona **61**, após desproteção oxidativa dos grupos PMB utilizando DDQ em aq. CH2Ch:H2O (19:1), forneceu (-)-pirenoforol **47** com um rendimento de 81%.

Capítulo III: Síntese de derivados substituídos de 2-(5-(benzo[d]tiazol-2-il)-1H-imidazol-1-il)-5-aril-1H-benzo[d]imidazol como descrito a seguir. O composto de partida, 5- bromo-1H-benzo[d]imidazol-2-amina (**86**), foi reagido com benzo[d]tiazol-2-carbal deído (**87**) na presença de uma quantidade catalítica de ácido acético em metanol e a mistura reacional foi agitada sob refluxo durante 2 horas. Posteriormente, arrefeceu-se à temperatura ambiente e a solução foi tratada com tosilmetilisocianeto (TosMIC) na presença da base carbonato de potássio (K2CO3), no solvente metanol/1,2-dimetoxietano (6:4) e refluxada durante 6 horas para obter o derivado imidazólico puro **88** através da reação de Van Leusen com o nome de imidazol, com bom rendimento. Além disso, o intermediário **88** foi submetido à reação de acoplamento de Suzuki com vários tipos de ácidos fenil borónicos (**89a-j**) na presença de Na2CO3 aq., utilizando Pd(PPh3)4 como catalisador em DME e a mistura reacional foi aquecida a 90° C durante 24 horas para obter compostos puros **90a-j.**

Os resultados revelaram que a maioria dos derivados apresentou uma atividade moderada a excelente contra as linhas celulares de cancro representadas. Dos dez compostos sintetizados, cinco (**90b, 90b, 90c, 90g** e **90i**) apresentaram uma atividade mais promissora quando comparados com o controlo positivo. Destes, **o 90b demonstrou a** maior atividade anticancerígena. Além disso, todos estes compostos foram submetidos a estudos de relação estrutura-atividade (SAR), que indicaram que o composto **90b**, com o grupo 3,4,5-trimetoxi doador de electrões no anel fenílico, apresentou uma excelente atividade anticancerígena (MCF-7 = 0,018±0,0039 gM, A549 = 0,011±0,0019 gM, Colo-205 = 0,12±0,029 gM e A2780 = 0,17±0,023 gM) do que o etoposido. O composto **90c**, com um substituinte 3,5-dimetoxi no anel fenílico, apresentou menor atividade (MCF-7 = 0,10±0,028 gM, A549 = 0,23±0,031 gM, Colo-205 = 1,44±0,22 gM e A2780 = 1,34±0,37 gM) do que o composto **90b**. O composto **90d**, com o grupo 4-metoxi, mostrou uma maior diminuição da atividade (MCF-7 = 1,22±0,36 gM, A549 = 0,38±0,030 gM, Colo-205 = 1,88±0,36 gM e A2780 = 2,01±1,65 gM) em comparação com **90b** e **90c**. A substituição do grupo 4-metoxi no composto **90d** por grupos retiradores de electrões, como 4-cloro, 4-bromo e 4-ciano, deu origem aos compostos **90e, 90f** e **90j,** todos eles com atividade reduzida. Destes derivados, o composto **90g** com o substituinte 4-nitro no anel fenílico mostrou uma atividade anticancerígena comparativamente boa (MCF-7 = 1,10±0,23 gM, A549 = 1,08±0,20 gM e Colo-205 = 1,54±0,36 gM). Enquanto que o grupo doador de electrões (4-metil) contendo o composto **90i**, exibiu uma atividade aceitável numa linha celular (A549 = 1,55±0,29 gM).

Capítulo IV: A rota sintética para os compostos recém-preparados (**117a-j**) foi descrita como se segue. O 2-aminobenzenoiol (**109**) foi submetido a uma reação de ciclização com o ácido 2- amino-4,5-dimetoxibenzóico (**110**) em ácido polifosfárico e a mistura reacional foi agitada a 250° C durante 6 horas para obter o composto **111**. Este composto ciclizado **111** reagiu com ácido acético em anidrido acético e foi agitado em refluxo durante 1 hora para obter o composto **112. Este composto foi ainda** submetido à reação de Veils-Mayer com DMF seco e POCl3 e a mistura reacional foi mantida em refluxo durante 16 horas para obter o composto **113** puro. Além disso, este intermediário aldeídico **113** foi submetido à reação de condensação de Claisen com cloridrato de 1-(1H-pirazol-5-il)etanona (**114**) na presença de uma quantidade catalítica de piperidina em etanol e foi agitado em refluxo durante 5 horas para obter o composto **115 de** chalcona pura. Além disso, o composto **115** reagiu com vários tipos de cloretos de sulfonilo (116a-j) utilizando a base Cs2CO3 em acetonitrilo e foi agitado à temperatura ambiente durante 6 horas para obter compostos finais puros 117a-j.

Os compostos 117a, 117b, 117h, 117i e 117j apresentaram actividades mais potentes. A relação estrutura-atividade (SAR) destes compostos foi examinada e os resultados indicaram que o composto 117i, com uma posição rica em electrões na porção fenil, apresentou uma maior propriedade anticancerígena em todas as linhas celulares (PC3=0,11±0,068 gM; A549= 0,18±0,063 gM; MCF-7=0,52±0,074 gM e DU-145=0,17±0,082 gM), respetivamente.

Quando o composto 117h com o grupo 4-metoxi no anel fenílico apresentou uma atividade ligeiramente inferior (PC3= 0,96±0,074 gM; A549=1,23±0,84 gM; MCF-7=1,45±0,90 gM e DU-145=1,69±0,71 gM) em comparação com 117i. O composto 117j continha um substituinte doador de electrões fraco e apresentou uma atividade menor (PC3= 2,39±1,60 gM; A549=2,66±1,91 gM; MCF-7=2,96±2,04 gM e DU-145=2,11±1,55 gM) do que 117h e 117i. Curiosamente, o grupo retirador de electrões no anel arilo do composto 117a (4-metoxi-3,5-dinitro) possui uma boa atividade anticancerígena (PC3=0,83±0,093 gM; A549= 1,44±0,78 gM; MCF-7=1,10±0,64 gM e DU-145=2,01±0,99 gM). Do mesmo modo, o composto 117b com substituintes 3,5-dinitro demonstrou melhor atividade (PC3= 2,16±1,94 gM; A549=1,89±0,86 gM; MCF-7=1,90±0,89 gM e DU-145=1,77±0,77 gM). Os compostos 117c (4-nitro), 117d (4-ciano), 117e (4-cloro), 117f (4-bromo) e 117g (3,5-dicloro) apresentaram actividades moderadas.

5.2. Conclusões:

1. Foi realizada a síntese total do (-)-pirenoforol 47 com elevada seletividade enantio, na qual os estereocentros foram estabelecidos pela resolução cinética hidrolítica de Jacobsen e a di-hidroxilação assimétrica de Sharpless e a ciclização foi obtida por ciclização intermolecular de Mitsunobu.

2. O composto 90b, com o grupo 3,4,5-trimetoxi doador de electrões no anel fenílico, apresentou uma excelente atividade anticancerígena (MCF-7 = 0,018±0,0039 gM, A549 = 0,011±0,0019 gM, Colo-205 = 0,12±0,029 gM e A2780 = 0,17±0,023 gM) do que o etoposido.

3. O composto 117i, rico em electrões na fração fenil, apresentou uma maior propriedade anticancerígena em todas as linhas celulares (PC3=0,11±0,068 gM; A549=0,18±0,063 gM; MCF-7= 0,52±0,074 gM e DU-145=0,17±0,082 gM).

Printed by Books on Demand GmbH, Norderstedt / Germany